21世纪高等院校
艺术设计专业精品教材

顾问¤ 鲁晓波 蒋啸镝
张夫也 孙建君

室内软装饰设计（第二版）

主　编　徐士福　姜姣兰
副主编　孙海婴　王秋菊
　　　　王　琳　陈　艳

南京大学出版社

本书引用近年来多种类型室内软装饰设计优秀案例,全面阐述了室内软装饰设计的理论和方法。全书共分四章,第一章对室内软装饰设计的概念进行了界定,并对室内软装饰设计的意义及设计程序进行了细致阐述;第二章介绍了室内软装饰的主要设计风格,从每种风格的特征、主要家具、室内其他陈设等方面进行全面而深入的讲解,拓展了设计视野;第三章详细介绍了室内软装饰的主要构成元素;第四章对室内软装饰的设计原则与美学手法进行了讲解。附录部分配以多种风格的室内软装饰搭配案例欣赏,以提高学生与读者的审美素养与实战经验。

本书可作为高等院校艺术设计专业的教材,也可作为设计从业者及相关爱好者的自学参考用书。

图书在版编目(CIP)数据

室内软装饰设计 / 徐士福,姜姣兰主编. —2版. —南京:南京大学出版社,2020.1(2023.7重印)
ISBN 978-7-305-22885-8

Ⅰ.①室… Ⅱ.①徐… ②姜… Ⅲ.①室内装饰设计—高等学校—教材 Ⅳ.①TU238.2

中国版本图书馆CIP数据核字(2020)第003862号

出版发行	南京大学出版社
社　　址	南京市汉口路22号　　邮　编　210093
出 版 人	金鑫荣
书　　名	室内软装饰设计
主　　编	徐士福　姜姣兰
责任编辑	李建钊　　编辑热线　(010)82896084
印　　刷	河北鑫彩博图印刷有限公司
开　　本	889×1194　1/16　印张　7　字数　217千
版　　次	2020年1月第2版　2023年7月第3次印刷
ISBN 978-7-305-22885-8	
定　　价	48.00元

网址:http://www.njupco.com
官方微博:http://weibo.com/njupco
官方微信号:njupress
销售咨询热线:(025)83594756

* 版权所有,侵权必究
* 凡购买南大版图书,如有印装质量问题,请与所购图书销售部门联系调换

21世纪高等院校艺术设计专业精品教材

■ **顾　问**

鲁晓波	清华大学美术学院院长，教授，博导
蒋啸镝	湖南师范大学教授
张夫也	清华大学美术学院教授，博导
孙建君	中国艺术研究院工艺美术研究所所长，研究员，博导

■ **专家指导委员会名单**（排名不分先后）

白天佑	甘肃政法学院艺术学院院长，教授
陈劲松	云南艺术学院设计学院院长，教授
陈卢鹏	韩山师范学院副教授，国家室内高级设计师
戴　端	中南大学建筑与艺术学院教授
杜旭光	河南师范大学美术学院副院长，教授
高俊峰	河北科技大学铁扬艺术研究院常务副院长，教授
关　涛	沈阳理工大学艺术设计学院副院长，教授
郭线庐	西安美术学院院长，教授
何人可	湖南大学设计艺术学院院长，教授，博导
贺万里	扬州大学美术与设计学院院长，教授
胡玉康	陕西师范大学美术学院教授，博导
荆　雷	山东艺术学院设计学院院长，教授
李　杰	暨南大学教授，导演
李　林	江苏海洋大学艺术学院关工委常务副主任，副教授
林　木	四川大学艺术学院院长，教授
刘　爽	大连艺术学院艺术设计学院副院长，副教授
刘同亮	徐州工程学院艺术学院副院长
马　刚	兰州财经大学艺术学院院长，教授
潘　力	大连工业大学服装学院院长，教授
彭　红	武汉科技大学艺术与设计学院教授
邵　辉	河北传媒学院艺术设计学院副院长
陶　新	辽宁何氏医学院艺术学院院长，教授
万　萱	西南交通大学建筑与设计学院教授
王承昊	南京传媒学院美术与设计学院院长
王健荣	湖南师范大学美术学院教授
魏国彬	安徽财经大学艺术学院院长，教授
吴余青	湖南师范大学美术学院教授
谢　芳	湖南师范大学美术学院教授
徐伯初	西南交通大学建筑与设计学院教授
许　亮	四川美术学院设计艺术学院教授
许存福	安徽新华学院艺术学院执行院长，副教授
许世虎	重庆大学艺术学院教授
杨贤艺	长江师范学院美术学院副院长，教授
姚月霞	苏州大学应用技术学院副教授
虞　斌	九江学院艺术学院副院长，副教授
宇　恒	哈尔滨师范大学美术学院副教授
袁恩培	重庆大学艺术学院教授
詹秦川	陕西科技大学设计与艺术学院院长，教授
张建伟	河南师范大学美术学院院长，教授
赵　勤	江西科技师范大学美术学院教授，硕导
钟　磊	浙江树人大学艺术学院副教授
朱广宇	温州大学美术与设计学院教授

"室内软装饰"这个名词，很贴近老百姓的生活，其市场飞速发展也是人们对美好生活向往的具体表现。随着人类文明的演进，人居室内环境"轻装修、重装饰"的理念已经深入人心，且成为室内装饰市场的主流；室内软装饰的更新换代速度也随之加快，由此形成了新兴的行业和岗位——室内软装饰行业和室内软装设计师。高等院校设计教育要紧贴市场需求培养设计人才，才能满足行业和岗位的要求。国内一些院校近年来为适应市场的新变化，在应对岗位需求上做了很多探索性的改革，已取得诸多积极的效果，本书就是编者对室内软装饰设计课程改革经验的一种分享。

本书内容饱满，案例丰富，将多种软装饰风格贯穿始终，涵盖面广泛，适应多元化室内装饰的需求；在内容的组织上体现了专业教学的实践性、开发性和职业性特点，能够提高学生从理论认知到综合实践能力的转化效果。全书图文并茂、阐述全面，所选案例为近几年国内外优秀设计公司的精良之作，空间类型涵盖广泛，体现了室内软装饰行业的时尚性。

本书编者一直致力于室内设计课程教学与革新，积微成著，希望读者能通过本书，培养室内软装饰设计创新思维，为成长为一名优秀的室内软装设计师打下基础。

重庆科技学院人文艺术学院院长、教授

前言

随着我国经济的发展和人民生活水平的逐渐提高，人们对室内空间环境的要求越来越高。近几年，室内装修行业呈现出"轻硬装，重软装"的发展趋势，注重室内空间的人性化设计，改变传统观念，主张采用新颖的手法对家具、织物、灯光、绿化、装饰品等进行组织搭配，从而营造个性化的空间。室内软装饰行业逐渐发展成为一个新兴行业，也诞生出软装设计师这个新职业。国内一些院校也相继开设软装课程，甚至设立专业方向来满足日益增长的社会需求。

本书共分四章，第一章对室内软装饰设计的概念进行了界定，并对室内软装饰的意义及设计程序进行了细致阐述；第二章介绍了室内软装饰的主要设计风格，从每种风格的特征、主要家具、室内其他陈设等方面进行全面而深入的讲解，拓展了设计视野；第三章详细介绍了室内软装饰的主要构成元素；第四章对室内软装饰的设计原则与美学手法进行了讲解。附录部分配以多种风格的室内软装饰搭配案例欣赏，以提高学生与读者的审美素养与实战经验。本书紧扣市场，理论与实践结合，图文并茂，所收录的大量最新的经典案例具有较高的参考价值。

本书在编写过程中得到了广东轻工职业技术学院艺术设计学院院长桂元龙教授和环境艺术教研室梅文兵老师的鼎力支持，再次对他们表示衷心感谢！本书参考了大量论著和图片，未能一一标注，在此对相关作者表示深深的歉意，并致以衷心感谢！

本书由广东轻工职业技术学院徐士福、湖南工业大学姜姣兰担任主编，广东轻工职业技术学院孙海婴、广东理工学院王秋菊、广东白云学院王琳、商丘工学院陈艳担任副主编，全书由徐士福统稿、审定。

由于编者水平有限，加上时间仓促，书中难免存在疏漏之处，敬请广大读者批评指正。

编 者

目录 CONTENTS

第一章 室内软装饰设计概述 // 001
- 第一节 室内软装饰设计的含义及意义 // 002
- 第二节 室内软装饰设计的发展历程与发展趋势 // 004
- 第三节 室内软装饰设计的程序 // 008

第二章 室内软装饰设计风格 // 010
- 第一节 东方传统风格 // 011
- 第二节 西欧古典风格 // 020
- 第三节 现代风格 // 031
- 第四节 其他风格 // 034

第三章 室内软装饰构成元素 // 040
- 第一节 室内家具 // 041
- 第二节 室内织物 // 049
- 第三节 室内灯饰 // 054
- 第四节 室内绿化装饰 // 068
- 第五节 室内陈设品 // 080

第四章 室内软装饰的设计原则与美学手法 // 087
- 第一节 室内软装饰的设计原则 // 088
- 第二节 室内软装饰的美学手法 // 092

附录 作品欣赏 // 097

参考文献 // 106

CHAPTER ONE

第一章
室内软装饰设计概述

■ **本章知识点**

了解室内软装饰设计的基本概念,熟悉室内软装饰设计的意义及发展趋势,掌握室内软装饰设计的程序。

■ **学习目标**

掌握室内软装饰的搭配与选购。

我国室内设计近年来发展迅猛，逐渐与国际潮流同步。今天的室内空间设计不再满足于基本的居住功能，人们更注重空间的个性化、精致化。室内软装饰是室内设计的延伸，不同于传统意义上的装修，它更注重装饰所带来的品质感与艺术感。

第一节　室内软装饰设计的含义及意义

一、室内软装饰设计的含义

室内软装饰的"软"最初是相对于室内界面基础装修的"硬"来说的，单纯指"软"的织物饰品类。但随着经济的发展和室内设计行业的繁荣，软装饰被赋予了更丰富的内涵，不再局限于物理上的"软"特征。目前，一般理解的软装饰设计是指完成室内空间界面的基础装修工作后，其余那些易于更换、移动的装饰品或陈设品的搭配设计。如室内纺织品、家具、陈设品、灯具、植物等都属于软装饰品，对它们的搭配设计是对室内设计在舒适度上更进一步的细化，强调人们对于室内"软环境"的追求，利用软装饰品营造一个亲切、自然、柔和、个性的空间，以此满足自己的精神追求（图1-1至图1-4）。

二、室内软装饰设计的意义

室内软装饰设计对室内空间具有重要的意义，在满足使用功能、丰富空间、营造气氛和形成室内风格等方面发挥着重要的作用。

1. 满足人们日常的功能需求

软装饰是室内环境中的重要组成部分。它与室内环境中的其他元素共同为人们的日常生活提供功能性服务，如室内家具可以供人们坐、卧、休息；灯具可以满足照明需求；床上用品和纺织品可以带来舒适的睡眠；窗帘等布艺能起到保护隐私和遮挡阳光的作用，能调节室内光线强弱，有利于人们的日常休息等。这些都是室内软装饰的基本功能，也是室内软装饰设计最原始的诉求，缺少这些，势必造成室内基本功能的缺失，影响人们的日常生活（图1-5至图1-7）。

图1-1

图1-2

图1-3

图1-4

图 1-5

图 1-6

图 1-7

2. 分割空间，丰富空间

我国古代常用"屏风"和"帷帐"等元素来分隔室内空间，它们可以随意变换位置，分割自由，逐渐成为中国室内空间分割的主要手段，且在装饰上配合图案也可以得到很好的艺术效果和氛围。例如，利用室内家具可以分割出动、静区域，客厅沙发的摆放，自然就把室内空间分成过道和沙发两个区域，不仅丰富了空间的层次，还使空间产生高低错落的变化。室内空间的大小、高低感受，直接取决于空间元素排列时的面积、方向和质地等因素，也跟色彩的冷暖、纯度、明度的变化有直接的关系。室内软装各种元素之间相互作用会形成不同的层次，如色彩冷暖对比、明暗对比、肌理对比等，如果布置有序，主次分明，室内空间便会形成丰富的层次感（图 1-8 至图 1-11）。

图 1-8

图 1-9

图 1-10

图 1-11

3. 塑造气氛，形成室内风格

空间气氛是通过空间形式及一系列的元素，从整体到局部表现出来的综合的性格特征，如庄重、大方、华丽、朴素、清新、简洁等。虽然气氛不是具体的而是一种整体的氛围，但是它仍然具备可感知性，人们通过视觉引起心理上对不同的氛围、风格的感受。室内空间风格的形成不只依靠"硬"装，软装饰搭配的作用越来越大，只有两者协调一致才会形成整体风格，这种整体风格和气氛会对人的心理产生一定的作用。如巴洛克风格搭配营造出金碧辉煌的华丽宫廷效果；暖色调易营造出温馨、热烈的气氛，如我国传统的婚庆仪式常用大红色作为主调来塑造喜庆的氛围；冷色调则易于营造清净、平和的气氛，如办公空间常用冷色调来塑造安静的工作氛围（图1-12和图1-13）。

图1-12

图1-13

第二节 室内软装饰设计的发展历程与发展趋势

伴随着社会生产力与工业化的发展，软装饰品日益丰富，琳琅满目的软装饰品极大地满足了人们多层次的生活要求和审美追求，也使得设计师在软装饰设计时可以广泛选择，从而呈现更多不同的设计样式和风格，推动室内装饰设计的发展。

一、室内软装饰设计的发展历程

室内软装饰作为人类文明进程中的产物，日益成为生活中不可缺少的一项重要内容，已渗透到社会行为的方方面面。早在原始穴居时代，先人就在自己的穴居空间用带有宗教、迷信或巫术含义的动物图案和意象图画进行装饰或祈愿，经历数千年发展，欧洲18世纪的洛可可风格达到装饰的顶峰，中国在明清时代的室内装饰也达到前所未有的精细和华丽，代表我国封建社会室内装饰的顶峰（图1-14）。

到了近现代，随着科学技术的进步和制造业的发展，室内装饰的形式和内容更加丰富多彩。特别是西方现代设计风格以及设计理念的传入，使人们对于空间的形态、家具、材料等有了更广泛的选择。如今伴随着经济发展，生活富足的人们更多地开始注重精神和审美方面的需求，追求生活、工作、休闲空间的舒适性以及文化品位，而软装饰作为室内装饰的一个重要组成部分，以其独特的优势获得越来越多人的重视（图1-15至图1-19）。

二、室内软装饰设计的发展趋势

室内装饰行业在中国经过十几年的发展，逐渐形成了空前壮大的规模。室内软装饰呈现出以下几个主要趋势。

1. "轻硬装，重软装"的发展趋势

随着物质的富足、生活条件的改善，消费者对室内环境在精神方面的要求越来越高，软装饰的装修费用在整个室内装修费用中所占的比例逐年增大，而硬装修的费用逐年下降，室内软装饰正日益受到人们的青睐。"轻硬装，重软装"的局面有逐渐扩大之势，这将直接刺激软装饰品行业的蓬勃发展。从家具行业到纺织业，从灯具行业到室内日用品行业，软装饰品行业的原创产品越来越多，更能满足人们追求舒适、个性的需求。另外，软装饰品便于更换、移动也是它受到欢迎的一个重要原因。随着"轻硬装，重软装"这种理念的普及，软装饰品的消费量必然会继续呈现上升的趋势。

图 1-14

图 1-15

图 1-16

图 1-17

图 1-18

图 1-19

2. 个性化、多元化的发展趋势

工业化生产带来了建设速度的革命，但千篇一律的建筑空间和室内装饰已经不能满足人们日益增长的审美观念的需求。现代商品楼多数是发展商做基础装修，户型材料甚至厨卫产品的搭配都是一样的，而当今社会是一个主张个性化的时代，打破同一、追求个性、创造一个与众不同的室内空间环境才是室内设计的必然趋势，在这种情况下，软装饰设计成为室内空间彰显个性的主要手段。软装饰的搭配与布置本身就具有较大的主观性，是业主文化涵养、艺术品位、审美情趣等个性特征的体现，能给人带来新颖、独特的感受。

建筑装饰行业同时也呈现多元化的趋势，尤其是在盛极一时的现代风格之后，由于人们在软装饰的选择上各不相同，再加上全球一体化，不同地域文化元素融入现代人生活，所以室内软装饰必然要多元化发展才能满足不同人的需求。总之，软装饰个性化、多元化的发展趋势是社会发展的必然结果，也是人们物质和精神文化需求日益增长的结果（图1-20至图1-24）。

图1-20

图1-21

图1-22

图1-23

图1-24

3. 绿色环保、可持续的发展趋势

日趋严重的全球污染给人们带来空前的困扰，尤其是在PM2.5（是指大气中直径小于或等于2.5μm的颗粒物）指数时常超标的国内一线城市，面对工作、生活的双重压力，人们迫切追求绿色环保、回归自然的生活方式，绿色环保的软装设计能让人亲近自然，自我放松。同时，现代室内装修带来的污染案例也越来越多，这主要是人们在室内装修过程中采用不合格装修材料以及不合理的设计造成的。劣质材料使室内空气中含有有害人体健康的氡、甲醛、苯、氨和挥发性有机物等气体，另外，装修过程中产生的各种粉尘、废弃物和噪声污染，都会严重影响人们的生活。如存在于水泥、砂石、天然大理石中的氡是一种放射性、惰性气体，无色无味，但它造成的污染仅次于吸烟，列肺癌诱因第二；再如，采用大量不合格人造板材、胶粘剂、涂料等会造成甲醛超标，长期接触会引起各种慢性呼吸道疾病，引起青少年记忆力和智力下降，引起鼻咽癌、结肠癌、新生儿染色体异常等，甚至可以引起白血病。

由于室内污染案例的增多，加之媒体对其危害的宣传，人们在室内装饰方面逐渐有了绿色环保的意识，提倡健康、科学、适度的装修，避免盲目追求豪华装修，最大限度地在源头上遏制室内环境污染，在软装材料上选用贴有安全健康认证报告的产品，选择正规的装修公司，将室内装修污染程度降到最低（图1-25至图1-29）。

图 1-25

图 1-26

图 1-27

图 1-28

图 1-29

第三节　室内软装饰设计的程序

室内软装饰设计的程序大致分为五步，这些程序之间的界线不那么明显，在工作的过程中按照程序操作会更明确。

一、项目的接洽

通过招标方式参与大型设计工程项目的软装饰设计子项目，或接受甲方的委托设计，这两种方式是现阶段软装饰项目的主要来源。

在项目接洽的过程中，甲、乙双方要初步就设计问题沟通后达成合作意向，签订委托设计合同，明确双方的责任、权利、义务，为工程项目的实施和进度提供明确的书面保障。

二、设计前期调研

项目确定以后，在与甲方深入交流的过程中，设计师首先要了解客户对空间的基本设想及以后的使用情况，掌握客户的喜好、习惯等，综合以上信息确定客户的风格倾向。然后深入现场考察空间实际情况和硬装情况，做详细的现场尺寸测量、拍照，并仔细查看空间缺陷以及难处理的地方。最后，将以上信息加以整理、分类，做详细的记录，以保证接下来软装饰工程能顺利进行。

三、概念及风格的设计

设计概念与风格要综合甲方的功能要求、设计喜好、空间使用性质等多方面的因素来确定。在这个阶段考虑的因素比较多，设计师最好绘制一个详细的表格，将对甲方前期调研得到的信息逐一列出来，防止遗漏，这能为后续的工作开展提供依据，方案的针对性也较强。

软装的设计是在原有的室内硬装设计基础上进行的，这就要求设计师熟知各种设计风格的特征并能熟练运用，对整体风格的控制做到得心应手，否则只会出现凌乱的搭配。当然，设计风格的确定要尊重甲方的意见与喜好，毕竟设计是为人服务的。

四、软装的搭配与选购

设计风格确定后就要依据设计风格选用合适的软装元素来配置，结合原有室内设计的平面图、立面图来进行详细配置索引。配置索引要表示清楚软装饰品的样式及所放置的位置，往往在图纸上采取图片索引的方式，并有尺寸、材质等有关信息，也可以提供几种款式供甲方选择，在与甲方沟通、确认后形成最终的实施方案；设计师针对前期的搭配图纸进行软装搭配的深化，对采购的物品进行最后的确定。对选购的软装饰品，设计师有必要绘制一个详尽的表格，表格内要反映布置区域、名称、规格、单位、数量、参考价格、产品简介等几方面信息，作为采购的最终依据。采购通常是甲方部门人员与乙方设计师共同参与，也有的甲方会委托信任的设计公司负责采购或定制（图1-30）。

五、方案的实施及最终完成

软装饰设计方案实施的主要工作就是将采购的物品按前期设计进行有序的摆放和安装，现场工作人员需要将购置清单与采购的物品进行核对，并检查是否存在遗漏和损坏的情况，以便及时处理，避免耽误工期。现场管理人员要对施工人员进行合理的分工，实施工作要有序地展开，避免现场无组织、乱作一团。软装饰品布置到位后，设计师要及时听取甲方对现场的修改意见，与甲方灵活沟通，避免不愉快的情况出现，直至项目最终得到甲方的认可。

图 1-30

本章小结

本章主要介绍了室内软装饰设计的含义、意义、发展历程与发展趋势，以及室内软装饰设计的程序。

思考与实训

1. 简述软装与硬装的区别。
2. 按照室内软装饰设计的程序列出具体的软装项目时间进度表。

超艺术的家

设计师夫妇如何用1000本书创造隔而不断的独立空间

CHAPTER TWO

第二章
室内软装饰设计风格

■ **本章知识点**
　　了解室内软装饰设计的不同风格及其特征。

■ **学习目标**
　　掌握软装饰搭配的整体风格把握。

风格即风度品格，体现创作中的艺术特色和个性。室内设计的风格形成带有强烈的时代印记，反映出人类文明的发展脉络，属于室内环境中的艺术造型和精神功能范畴。室内设计的风格往往和建筑界面以及室内各元素的风格紧密相连。室内软装饰作为建筑、室内设计的延续，其风格的划分是在建筑风格基础上进行的。

第一节　东方传统风格

室内装饰的传统风格是历史的再现，从某种程度上代表着那一时期的经济水平和文化意识。人们通常习惯从地域上将以中国、日本、印度为代表的亚洲建筑体系视为东方建筑，因此东方传统风格也以这三个国家作为代表。由于地域文化及信仰习惯的不同，不同国家形成了不同的设计风格，体现了各自不同的观念情调和审美意识。

一、中国传统风格

1．概述

中国建筑体系与室内装饰风格深受中国传统礼制思想以及东方哲学思想的影响，所谓"中国传统风格"，是指室内装饰在空间格局、比例尺度、色调，以及家具、陈设的造型等方面，吸取了传统装饰"形""神"特征的基础上形成的风格（图2-1和图2-2）。

2．主要特征

中国传统风格崇尚庄重、儒雅，室内空间的软装饰元素多采用对称、均衡的空间布局及构图方式，遵从等级、尊卑等礼制思想。色彩庄重而简练，气氛宁静而雅致，以木制材料为主，追求天人合一的空间氛围（图2-3至图2-7）。

图2-1

图2-2

图2-3

图2-4　　　　　　　　图2-5

图 2-6

图 2-7

3. 主要软装元素

（1）家具。从新石器时代到秦汉时期，由于文化和生产力的限制，家具简陋且普遍较低矮，人们以席地而坐为主。南北朝以后，高型家具逐渐增多，至唐代，高型家具日趋流行，席地坐与垂足坐两种生活方式共存。至宋代，垂足坐的高型家具得到普及，"坐"成为人们起居作息的主要形式，至此，中国传统木家具的造型、结构基本定型。此后，随着社会经济、文化的发展，中国传统家具在工艺、造型、结构、装饰等方面日趋成熟，至明代达到高峰，并在世界家具史中占有重要地位。清代家具体型增大，注重雕饰而自成一格。传统风格室内家具的摆放宾主分明、长幼有序，体现传统礼制思想（图2-8至图2-10）。

现代中国传统风格室内软装饰搭配主要是以明、清家具样式为主。明式家具以结构合理与造型优雅著称，充分展示出简洁、明快、质朴的艺术风貌，达到了人体工学、美学、力学三者的完美统一。明式家具主要通过木材肌理、雕刻、镶嵌和附属构件等来体现美感，雕刻的部位大多在家具的背板、牙板、牙子等处。清初家具沿袭明式家具的风格，但随着满汉文化的融合以及中西方文化交流的影响，清康熙年间逐渐形成了注重形式、追求奇巧、崇尚华丽的清式家具风格，在乾隆时期达到巅峰（图2-11至图2-13）。

图 2-8

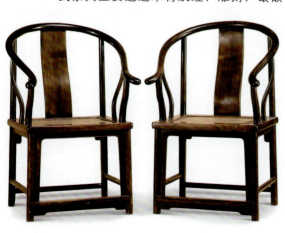
图 2-9

图 2-10

图 2-11

图 2-12

图 2-13

（2）隔扇、屏风。中国传统建筑具有典型的"墙倒屋不塌"的大木结构，正是有了这样坚固的结构体系，隔扇才得以广泛应用。隔扇的基本形状是纵向的边梃和横向的抹头组成木质框架，框架内又分为三部分：上部为隔心，下部为裙板，隔心与裙板之间为绦环板，以隔心为核心部分。

中国传统风格的室内空间软装饰最有特色、最突出之处在于综合运用隔扇、屏风等元素，创造出变化丰富、隔而不断的空间。其中隔心是隔扇装饰的中心部位，一般分为内外两层，中间夹纱或者玻璃，或字画、刺绣等；可用木栅格网表现的图案、纹样为装饰图案，用根条拼成各种纹样，以灯笼框最为常见，有冰裂纹、龟背锦纹、万字纹等，变化无穷（图2-14至图2-16）。

（3）传统风格软装饰品。传统风格软装饰品在中式风格室内空间设计中是不可或缺的重要表现元素，体现着庄重和优雅的双重品质。常见的中式传统风格软装饰品有绘画、书法、印染、中国瓷器、雕花纹饰、织绣、灯笼等，这些元素在室内传统风格的表现上发挥着重要作用，并深受人们的喜爱。另外，除了视觉装饰效果上的美化外，传统装饰元素中的吉祥图案又蕴含着人们追求美好生活的愿望，如"五福同寿""榴开百子"等吉祥图案的运用。徽派建筑的厅堂的陈设手法"东瓶西镜"正体现了这一点：厅堂前的长案桌上摆放讲究，东边放一花瓶，西边放一面镜子，中间放一时鸣钟，象征：终（钟）生（声）平（瓶）静（镜）（图2-17至图2-19）。

图 2-14

图 2-15

图 2-16　　　　　　　　图 2-17

图 2-18　　　　　　　　图 2-19

4. 现代中式风格

现代中式风格也称新中式风格，是中国传统风格文化在当前时代背景下的演绎。新中式风格不是简单的传统元素堆砌，而是通过对传统文化的深入认识，将传统元素进行提炼、转化、加工，将现代元素和传统元素结合在一起，摒弃空间布局等级、尊卑的封建思想，以现代人的审美和生活需求来打造富有传统韵味的室内空间。随着新中式风格日渐受到人们的青睐，具有新中式风格的软装饰品设计也发展起来，是传统文化在当今社会的理性回归（图 2-20 至图 2-23）。

二、日式风格

1. 概述

日式风格，又称"和式风格"，是 13—14 世纪的日本佛教建筑在继承 7—10 世纪的佛教寺庙、传统神社和中国唐代建筑的特点基础上形成的。传统日式家具的形制与古代中国文化有着莫大的关系，日本学习并接受了中国初唐低床矮案的生活方式后，一直保留至今，形成了独特完整的体制。明治维新以后，在欧风美雨之中，西洋家具伴随着西洋建筑和装饰工艺强势登陆日本，以其设计合理、形制完善、符合人体工学等优势，对传统日式家具形成了巨大的冲击，但传统日式家具并没有消亡。

2. 主要特征

日式风格的特点是淡雅简洁、清新自然，将佛教、禅宗以及茶道文化融合到室内设计之中，营造出闲适超脱、悠然自得的生活境界。日式风格在室内空间中多用隔扇灵活分割空间，其空间利用意识极强，形成"小、精、巧"的模式（图2-24和图2-25）。

图 2-20

图 2-21

图 2-22

图 2-23

图 2-24

图 2-25

3. 主要软装元素

（1）家具。古代日式家具作为坐具和寝具的是草席，到镰仓时代榻榻米开始普及，明治后期现代形式的座椅开始流行。日式风格家具主要包括榻榻米、矮几、矮柜、壁炉等。日式风格家具形体矮小、线条简洁，常采用木、竹、藤、草等天然材料制作。传统的日本房间没有床，也不使用桌椅板凳之类，通常采用榻榻米或木质地板来体现其灵活性和机动性，可当作起居室或是客房等。其中榻榻米是日式独有的铺地草垫，以麦秆和稻草制成，标准厚度为55 mm，通常分为数层，底层可防潮，具有良好的通风和保暖功用，很适合用于湿热的海岛型气候。榻榻米有标准正规矩形和非标准矩形两种，其中正规矩形的长、宽比为 2∶1，尺寸规格为 1 800 mm×900 mm（图2-26和图2-27）。

（2）隔扇与屏风。日式的屏障类室内软装饰元素主要包括推拉格栅、单扇屏风、折叠屏风、窗帘、门帘、布帘、草席帘、蚊帐等，其优点是可以根据需要灵活分隔室内空间，增加私密性和装饰性。传统日式室内隔扇通常用障子纸制成，障子纸在日本已经有上千年的历史，障子门、障子纸等物品于我国盛唐时期传入日本。传统的日式屏风图案多取材于历史故事、人物、植物等，大多是工笔画。无论是隔扇、屏风还是草帘都呈现出一种造型简洁、用料朴素自然的风格，体现了一种充满禅意的、淡泊的空间氛围（图2-28至图2-30）。

（3）日式软装饰品。日式软装饰品主要有垫子、日式蒲团、日式人偶、传统仕女画、扇形画、壁龛、日式灯笼、暖炉台。这些饰物以造型小巧、制作精致著称，与日式家具搭配起来，充满了浓郁的日本传统文化韵味（图2-31至图2-34）。

图2-26

图2-27

图2-28

图2-29

图2-30

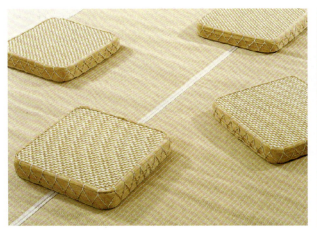

图 2-31

图 2-32

图 2-33

图 2-34

三、东南亚风格

1. 概述

东南亚位于亚洲东南部，包括中南半岛和马来群岛两大部分。中南半岛因位于中国以南而得名。马来群岛散布在太平洋和印度洋之间的广阔海域，是世界上最大的群岛。东南亚地区共有越南、老挝、柬埔寨、缅甸、泰国、马来西亚、新加坡、印度尼西亚、菲律宾、文莱和东帝汶 11 个国家。东南亚由于受到独特的地理环境和自然条件的制约而没能产生具有强大辐射力的地域文化，一方面，大量移民的进入对当地文化造成冲击；另一方面，中世纪以来阿拉伯文化和西方殖民文化的影响，使长期处于殖民地状态的东南亚各国在建筑与室内装饰上呈现多元化特征，风格大体上可以笼统地分成两大部分：一种是融合了中国风，另一种是掺杂着欧式的风格。东南亚地区笃信佛教，宗教因素对建筑和装修风格影响深远，形成了东南亚风格中独有的神圣、清雅、神秘的氛围，而这种氛围，正是东南亚风格的精髓所在（图 2-35 至图 2-39）。

2. 主要特征

东南亚风格是在东西方文化碰撞交融后呈现出来的一种质朴风格，崇尚自然，偏爱天然材质，整体呈现朴素之美。主色调以宗教色彩浓郁的深色系为主，如深棕色、黑色、褐色、金色等（图 2-40 和图 2-41）。

3. 主要软装元素

（1）家具。东南亚地区位于多雨的热带，岛屿、山地众多且植被富足，便于家具就地取材；强调制作家具用材的自然性，如藤、麻、海草、椰子壳等都是东南亚家具的主要材质。大部分东南亚家具都采用了两种以上不同材料混合编制而成，藤条与木片、藤条与竹条、柚木与草编、柚木与不锈钢，各种编制手法和精心雕刻的混合运用，使家具本身也成为一件精美手工艺术品。东南亚家具有斜面和曲面的民族形态特征，体现了刚中有柔、柔中有刚的艺术特色（图 2-42 至图 2-44）。

图 2-35　　　　　　　　　　　　　　图 2-36

图 2-37　　　　　　　　　　　　　　图 2-38

图 2-39　　　　　　　　　　　　　　图 2-40

图 2-41

图 2-42

图 2-43

图 2-44

（2）其他软装饰品。东南亚地区的手工制品样式繁多，而且具有浓郁的热带地域特色，各种用藤、草、竹、木、椰子壳、棕榈叶等制成的配饰品散发着独特的自然气息。印尼的木雕、泰国的锡器可以用作重点装饰，蒲草、独木舟造型的配饰也是东南亚风格的代表元素，还有带有宗教色彩的佛像、木雕、面具、铜制灯具等也是。绚烂、华丽的东南亚风格的各种布艺帷帐的运用不仅起到丰富空间、阻挡蚊虫的作用，而且与那些沉稳素雅的家具形成完美搭配，显露出几分贵族气息，营造既浪漫又朴实的空间氛围（图 2-45 至图 2-48）。

图 2-45

图 2-46

图 2-47

图 2-48

第二节 西欧古典风格

一、古罗马风格

1. 概述

古罗马建筑是古罗马人沿袭亚平宁半岛上伊特鲁里亚人的建筑技术，继承古希腊建筑成就，在建筑形制、技术和艺术方面广泛创新而产生的一种建筑风格。在罗马帝国时期，城市建设更趋繁荣，建筑形制多，装饰手法丰富，建筑技术、施工、材料、艺术、结构等方面都有了突飞猛进的发展。古罗马建筑师把多立克柱式、爱奥尼柱式和科林斯柱式合而为一，创造了"合成式"，也称罗马样式，其特征集中体现在拱门、圆顶、拱券结构上（图 2-49 和图 2-50）。

2. 主要特征

古罗马风格以豪华、壮丽为特色，体现坚厚与凝重。券柱式造型是古罗马人创造的装饰性柱式，成为西方室内装饰最鲜明的特征，广为流行和使用的有多立克柱式、塔司干柱式、爱奥尼柱式、科林斯柱式及其发展创造的罗马混合柱式。古罗马风格的柱式造型曾经风靡一时，现在在室内空间装饰中还经常运用（图 2-51 至图 2-53）。

3. 主要软装元素

（1）家具。古罗马风格的家具以青铜家具、大理石家具和木材家具为主，其特征为具有敦实的兽足形立腿，主要类型有旋木腿座椅、躺椅、桌子、椅子。木制家具开始使用桦木框镶板结构，并施以镶嵌装饰（图 2-54 至图 2-57）。

图 2-49   图 2-50

图 2-51

图 2-52

图 2-53

图 2-54

图 2-55

图 2-56

图 2-57

（2）其他软装饰品。古罗马的工艺美术品和室内陈设品种繁多且技艺精湛，其中以银器工艺的成就最为突出。银器的器形除了作为餐具的碗、碟、杯、壶、刀叉之外，还用作化妆的银镜及首饰等，其装饰纹样大多采用浮雕技法，风格精致而华美。此外，古罗马时期玉石工艺、象牙雕刻、陶器工艺、染织工艺等都有了不小的成就，成为当时室内主要的陈设品（图 2-58 至图 2-62）。

二、欧洲中世纪风格

1. 概述

4 世纪，古罗马盛极而衰后分裂为东、西两个罗马，封建分裂状态和教会的统治对欧洲中世纪的建筑风格产生了深远影响，主要产生了拜占庭建筑装饰风格和哥特式建筑装饰风格。拜占庭建筑主要发展了古罗马的穹顶结构和集中式形制，哥特式建筑则发展了古罗马的拱券结构和"巴西利卡"形制（图 2-63 和图 2-64）。

2. 主要特征

拜占庭建筑及其室内装饰艺术十分精美，色彩斑斓，墙面贴彩色大理石，一些带有圆弧、弧面之处用玻璃马赛克饰面，6 世纪前多用蓝色做底色，6 世纪后多用金箔做底色，这种搭配显得格外辉煌、壮观。人们常用不同颜色的玻璃马赛克制作各种《圣经》故事镶嵌画；另外就是在发券、柱头、檐口等处装饰石雕艺术，题材多以几何图案和植物为主。哥特式建筑内部淘汰了厚重的承重墙，取而代之以近似框架式结构，支柱和骨架券合为一体，从地面到顶棚一气呵成；彩色玻璃是哥特式教堂的另一特色，镶嵌也以《圣经》故事为主，玻璃的颜色由少到多，最多达 21 种，主色调也在不断变化，画面内容也由繁到简（图 2-65 至图 2-68）。

图 2-58

图 2-59

图 2-60

图 2-61

图 2-62

图 2-63

图 2-64

图 2-65

图 2-66

图 2-67

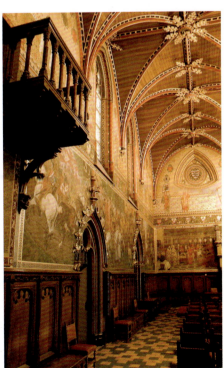
图 2-68

3. 主要软装元素

（1）家具。拜占庭家具继承了罗马家具的形式，融合了西亚和埃及的艺术风格，又有波斯的细部装饰特征，模仿罗马建筑的拱券形式，以雕刻和镶嵌手法最为多见，节奏感很强。在家具造型上由曲线形式转变为直线形式，具有挺直庄严的外形特征。由于受到当时人们奢华生活风气的影响，家具装饰多采用浮雕或镶嵌装饰，也常用旋木来装饰，代表作品为马西米阿奴斯王座。

哥特式风格的家具常采用尖顶、尖拱、细柱、浅雕或透雕的镶板装饰，家具的每一平面几乎都被有规律地划成矩形，在其中布满藤蔓、花叶、根茎和几何图案的浮雕，也常嵌金属和附加铆钉。其主要种类有靠背椅、座椅、大型床柜、小桌、箱柜等，最具特色的是坐具类。哥特式风格的家具每件都庄重、雄伟，象征着权势及威严（图2-69至图2-71）。

（2）其他软装饰品。马赛克插画是拜占庭马赛克艺术的新高度，彩色玻璃管和金色背景创造出闪亮的光色效果。雕塑与装饰品主要集中于象牙板雕刻，用于祭坛活动和包装珠宝盒及其他物品。银器、珠宝、丝麻织品反映了拜占庭宫廷的盛大和辉煌，拜占庭工匠将景泰蓝上釉技巧发挥到了极致。拜占庭风格特点是罗马晚期的艺术形式和以小亚细亚、叙利亚、埃及为中心的东方艺术形式相结合，有浓厚的东方色彩。如圣索菲亚教堂中央圆顶形的结构及其内部金碧辉煌的装饰，反映了政教合一的精神统治的权威。

哥特式复兴风格装饰性强，常采用深色木墙围、深色织锦挂毯，其上绘有独特的图案，如狮子皇冠和花卉。哥特式卧室常用深色窗帘和郁金香花形图案的墙纸，床上装有床幔，床架有四个粗柱子，带有神话传说中的猛兽木刻，用色上喜欢深红色、深紫色、深蓝色和金色（图2-72至图2-74）。

图 2-69

图 2-70

图 2-71

图 2-72

图 2-73

图 2-74

三、文艺复兴风格

1. 概述

文艺复兴风格是欧洲建筑史上继哥特式风格之后出现的一种建筑风格，15世纪产生于意大利，后传播到欧洲其他地区，形成了带有不同特点的各国文艺复兴建筑。文艺复兴建筑最明显的特征是扬弃了中世纪的哥特式风格，而在宗教和世俗建筑上重新采用了古希腊、古罗马时期的柱式和构图要素（图2-75和图2-76）。

2. 主要特征

文艺复兴建筑及其室内风格借助古典的比例来重新塑造和协调秩序，所以，一般而言，文艺复兴的建筑是讲究秩序和比例的，比如比例必须是2和3的倍数。这一风格的建筑拥有严谨的立面和平面构图以及从古典建筑中继承下来的柱式系统。欧洲文艺复兴运动的主要核心是肯定人性和道德，要求把人们从宗教束缚中解放出来。欧洲文艺复兴风格的室内软装饰艺术品则强调实用与美观相结合，以人为本，追求舒适和安乐，赋予家具更多的理性和人情味，形成了实用、和谐、精致、平衡、华美的风格特征（图2-77至图2-80）。

3. 主要软装元素

（1）家具。文艺复兴风格的家具主要吸收了古希腊、古罗马家具造型的某些要素，同时赋予其新的表现手法，尤其突出地表现在吸收了建筑装饰的手法来处理家具的造型。家具的用材主要为胡桃木；建筑装饰手法与以浅浮为主的雕刻和绘画相结合，注重材料特性、结构性能和形式的多样化。文艺复兴时期的家具装饰几乎运用了所有的古典装饰图案（图2-81至图2-84）。

图 2-75

图 2-76

图 2-77

图 2-78

图 2-79　　　　　　　　　　　　　　图 2-80

图 2-81　　　　　　　　　　　　　　图 2-82

图 2-83　　　　　　　　　　　　　　图 2-84

（2）其他软装饰品。文艺复兴风格建筑的室内空间虽然宏阔，但其装饰较为理性、克制，家具的种类与数量并不繁杂。家具的陈设与布置方式也多遵循对称原则，最具代表性的家具是一种婚嫁用的大箱子。婚礼作为新兴贵族、富豪展示其财力的理想时机而受到特别重视，而装饰华美、制作技艺精湛的大箱子在这种婚礼仪式中扮演着重要角色。文艺复兴风格的房间地面铺设豪华地毯，顶棚吊挂水晶吊灯，金色的镜框配以写实雕塑和绘画的运用，处处彰显贵族气息（图2-85至图2-88）。

四、巴洛克风格

1. 概述

巴洛克建筑与室内装饰风格是17—18世纪在意大利文艺复兴建筑基础上发展起来的一种风格。在巴洛克风格的室内满满地装饰了壁画和雕塑，以丰富多变的风格和夸张的纹样来吸引人们的视觉。其代表人物是意大利雕刻家贝尼尼，他最终完成了圣彼得大教堂的建造。这一时期的重要建筑有巴黎凡尔赛宫、路易十四广场、胜利广场，这些都集中体现了巴洛克风格，也体现了拥有雄厚财力的统治者好大喜功、唯我独尊的浮夸作风。巴洛克风格打破了对古罗马建筑理论家维特鲁威的盲目崇拜，也冲破了文艺复兴晚期古典主义者制定的种种清规戒律，反映了向往自由的世俗思想（图2-89至图2-91）。

2. 主要特征

巴洛克风格的特点是形式自由、追求动态，喜好富丽的装饰、雕刻和强烈的色彩，常用穿插的曲面和椭圆形空间，体现怪异和不寻常的效果，如以变形和不协调的方式表现空间，以夸张的细长比例表现人物等。这种风格在反对僵化的古典形式、追求自由奔放的格调和表达世俗情趣等方面起到了重要作用（图2-92至图2-95）。

3. 主要软装元素

（1）家具。巴洛克风格家具的最大特色是富于表现力地装饰细部，简化不必要的部分而强调整体结构。巴洛克风格家具造型华丽，既有宗教的特色，又有享乐主义的色彩，同时渲染着一种奔放热烈的生活方式。巴洛克风格的家具以浪漫主义精神为设计出发点，具有亲切柔和的抒情情调，追求跃动型装饰样式，以烘托宏伟、生动、热情、奔放的艺术效果。巴洛克家具利用多变的曲面，采用花样繁多的装饰，做大面积的雕刻、金箔贴面或描金涂漆处理，并在坐卧类家具上大量应用面料包覆；强烈的舒适感与细腻温馨的色调处理，体现出热情浪漫的艺术效果（图2-96至图2-99）。

图 2-85

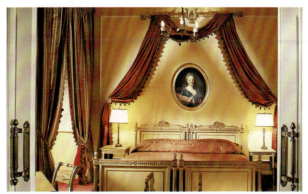

图 2-86

图 2-87

图 2-88

图 2-89　　　　　　图 2-90　　　　　　　　图 2-91

图 2-92　　　　　　　　　　图 2-93

图 2-94　　　　　　图 2-95　　　　　　图 2-96

图 2-97　　　　　　图 2-98　　　　　　图 2-99

（2）其他软装饰品。巴洛克风格在室内装饰上使用大量绘画、雕刻和工艺品，装饰华丽、壮观，突破了文艺复兴、古典主义的一些程式和原则。室内装饰更具戏剧性，动用各种手段，如扭曲柱子和墙壁，让雕像走出神龛；常在室内空间、走廊放置塑像和壁画，把建筑、雕像、绘画糅合在一起，随心所欲地制造幻想且极尽华丽。吊灯、画框以及一些日常器皿都带有雕刻和镀金，尽可能地烦琐和复杂。纺织品、毯子和绘画作品色彩明快，构成室内庄重豪华的气氛（图 2-100 至图 2-103）。

五、洛可可风格

1. 概述

洛可可式建筑风格于 18 世纪 20 年代产生于法国并流行于欧洲，是在巴洛克式建筑的基础上发展起来的，其风格特征主要表现在室内装饰上。以欧洲封建贵族文化的衰败为背景，表现了没落贵族阶层颓丧、浮华的审美理想和思想情趣。他们受不了古典主义的严肃理性和巴洛克的喧嚣放肆，追求华美和闲适。洛可可一词由法语 ro-caille（贝壳工艺）演化而来，原意为建筑装饰中一种贝壳形图案。1699 年，建筑师、装饰艺术家马尔列在金氏府邸的装饰设计中大量采用了这种曲线形的贝壳纹样，洛可可建筑风格由此而得名。洛可可风格最初出现于建筑的室内装饰，以后扩展到绘画、雕刻、工艺品、音乐和文学领域（图 2-104 至图 2-106）。

2. 主要特征

洛可可风格的基本特点是纤弱娇媚、华丽精巧、纷繁琐细，呈现一种女性化的柔美气质。常常采用不对称手法，喜欢用弧线和 S 形线，尤其爱用贝壳、旋涡、山石作为装饰题材，卷草舒花，缠绵盘曲，连成一体。顶棚和墙面有时以弧面相连，转角处布置壁画。洛可可风格的装饰色彩娇艳、光泽闪烁，象牙白和金黄是其流行色；经常使用玻璃镜、水晶灯强化效果，但有时装饰过于烦琐而流于矫揉造作（图 2-107 和图 2-108）。

图 2-100

图 2-101

图 2-102

图 2-103

图 2-104　　　　　　　　　　　　　　　图 2-105

图 2-106　　　　　　　图 2-107　　　　　　　图 2-108

3. 主要软装元素

（1）家具。洛可可家具是在巴洛克家具的基础上进一步发展起来的工艺作品。它排除了巴洛克家具造型装饰中追求豪华、故作宏伟的成分，吸收并夸大了曲面多变的流动感。回旋曲线柔婉、优美，雕刻装饰精细、纤巧。洛可可家具风格强调表面的装饰设计，以使人们的眼睛不去注意那些矩形的连接部位，发展了青铜镀金、雕刻描金、线条着色以及镶嵌花线与雕刻相结合等装饰手法，并适时地吸收了中国明清家具的风格特征。路易十五式的靠背椅和安乐椅就是洛可可风格家具的典范（图 2-109 至图 2-111）。

（2）其他软装饰品。洛可可风格软装饰品非常精致纤巧，其装饰偏于烦琐，不像巴洛克风格那样色彩强烈、装饰浓艳。在德国南部和奥地利，洛可可建筑的内部空间装饰非常复杂，经常使用玻璃镜面，还特别喜好在大镜子前面安装烛台，常陈设瓷器、吊挂水晶灯以强化效果。室内装饰镶嵌画以形成一种轻快精巧、优美华丽、闪耀虚幻的效果（图 2-112 至图 2-115）。

图 2-109　　　　　　　图 2-110　　　　　　　图 2-111

图 2-112

图 2-113

图 2-114

图 2-115

第三节　现代风格

一、概述

现代风格最早的代表是1919年建于德国魏玛的包豪斯学校，这一风格的特征是非常注重室内空间的布局与使用功能的完美结合。现代主义也称功能主义，是工业社会的产物，注重展现建筑结构的形式美，探究材料自身的质地和色彩搭配的效果。室内软装饰搭配以功能布局为核心，以不对称、非传统的构图方法为主（图2-116至图2-119）。

二、主要特征

现代室内装饰风格的特征是反对过分装饰，将设计的元素、照明、原材料等简化到最少的程度，但对色彩、材料的质感要求很高。因此，简洁的空间设计通常非常含蓄，往往能达到以少胜多、以简胜繁的效果；把抽象艺术的思想及作品运用到室内设计中，适应工业生产潮流，简单而实用（图2-120至图2-123）。

图 2-116

图 2-117

图 2-118

图 2-119

图 2-120

图 2-121

图 2-122

图 2-123

三、主要软装元素

1. 家具

现代风格的家具强调功能性设计，线条简约流畅，色彩对比强烈，大量使用钢化玻璃、不锈钢等新型材料作为辅材，给人带来前卫、不受拘束的感觉（图2-124至图2-127）。

2. 其他软装饰品

现代风格室内空间的软装饰设计充分体现出实用、简洁的个性化特征，空间的色彩比较跳跃，空间的功能比较多。如现代居室强调视听功能或自动化设施，家具、家用电器成为主要软装陈设，室内艺术品则多为抽象艺术风格。由于现代风格室内线条简单、装饰元素少，软装饰方面需要将沙发靠垫、餐桌桌布、床上用品、窗帘、绘画及艺术品等完美搭配，才能显示出美感（图2-128至图2-132）。

图 2-124

图 2-125

图 2-126

图 2-127

图 2-128

图 2-129

图 2-130

图 2-131

图 2-132

第四节 其他风格

一、自然风格

1. 概述

自然风格出现于19世纪英国工业美术运动时期，至20世纪初，在美国以赖特建筑为代表的流水别墅成为当时的主流风格。他们选择自然材质并强调室内外相结合的设计，对自然风格进行了重新诠释。生活在都市中的人们面对着冰冷的钢筋混凝土建筑，快节奏的生活状态，与自然结合越来越少，逐渐产生了渴望回归自然的心理。以自由清新、与环境融合为理念的室内设计就是自然风格（图2-133至图2-136）。

2. 主要特征

自然风格倡导回归自然，在美学上推崇自然、融合自然，因此室内多用木料、织物、石材等材料，以显示自然材料的质朴纹理，体现室内环境的清新淡雅。此外，自然风格也常巧于搭配室内绿化，创造自然、休闲、高雅的氛围（图2-137至图2-141）。

图 2-133

图 2-134

图 2-135

图 2-136

图 2-137

图 2-138　　　　　　　　　图 2-139

图 2-140　　　　　　　　　图 2-141

3. 主要软装元素

（1）家具。自然风格的家具造型简单，形态上追求一种原生态的感觉，所以在材质上经常用到一些旧木、藤编竹、织物等天然材料。它与如今的现代简约风格家具一样，都是以自然、休闲、轻松为原则装饰的（图 2-142 至图 2-145）。

（2）其他软装饰品。自然风格的软装饰品方面常有藤制品、绿色盆栽、瓷器、陶器等摆设，布艺则多采用淡雅清秀的各种色系的小碎花和植物等自然元素。陶罐、原木、铁艺等配饰在自然风格的室内空间设计中用得较多，纯天然的配饰如草、木、藤、麻质的装饰品是自然风格最完美的体现；空间内避免出现工业气息浓郁的装饰品，多采用原木门窗与家具，以产生自然的整体效果（图 2-146 至图 2-150）。

图 2-142

图 2-143

图 2-144

图 2-145

图 2-146

图 2-147

图 2-148

图 2-149

图 2-150

二、地中海风格

1. 概述

地中海风格是指泛地中海地区的建筑、室内空间设计风格的综合呈现，是海洋风格的一种，因其富有浓郁的地中海地区的地域特征和人文风情而得名，其范围主要包括西班牙、葡萄牙、法国、意大利、希腊以及北非一些国家（图2-151和图2-152）。

2. 主要特征

地中海风格在空间设计上以连续的拱门、马蹄形窗等来营造空间的通透感，色彩以蓝色与白色为主，或者以北非特有的沙漠、岩石、泥、沙等天然景观颜色为主，室内线条多采用曲线，显得比较自然。它通过运用天然的材料来表达向往自然、亲近自然的生活情趣，进而体现地中海风格的思想内涵。自由、自然、浪漫、休闲是地中海风格的精髓（图2-153至图2-157）。

图 2-151

图 2-152

图 2-153

图 2-154

图 2-155

图 2-156

图 2-157

3. 主要软装元素

（1）家具。地中海风格大量采用宽松、舒适的家具来呈现休闲感，如尽量采用低彩度、线条简单且修边浑圆的木制家具。重视对木材的运用，家具甚至直接保留木材的原色，体现古老的人文特色。另外，自然竹藤编织家具在地中海风格的室内空间也占有较大的比重，独特的锻打铁艺家具也是地中海风格独特的软装元素（图2-158至图2-161）。

（2）其他软装饰品。地中海风格的室内空间，窗帘、桌巾、沙发套、灯罩等均以低彩度色调的棉织品为主，素雅的小碎花、条纹、格子图案是其主要元素；马赛克镶嵌、拼贴在地中海风格装饰中显得较为华丽；另外，小石子、瓷砖、贝类、玻璃片、玻璃珠等素材切割后再进行创意组合的饰品也很常见；地中海风格的室内空间也非常注重绿化，如爬藤类植物、小巧的绿色盆栽等的运用；再就是锻造和铁制的装置品，如线条舒展的铁艺床、铁艺吊灯、铁艺台灯等（图2-162至图2-166）。

图 2-158

图 2-159

图 2-160

图 2-161

图 2-162　　　　　　　　　　　　　图 2-163

图 2-164　　　　　　图 2-165　　　　　　图 2-166

本 章 小 结

本章主要介绍了室内软装饰设计的东方传统风格、西欧古典风格、现代风格、自然风格以及地中海风格。

思 考 与 实 训

1. 请说出各种室内软装饰风格的主要特征。
2. 选择一种软装饰风格特征进行室内软装饰搭配。

回归自然、质朴
至真

用时间铸造的
法式风格

中式园林之家

CHAPTER THREE

第三章
室内软装饰构成元素

■ **本章知识点**

了解室内软装饰的主要构成元素,掌握室内软装饰主要构成元素的搭配设计。

■ **学习目标**

掌握室内软装饰构成元素搭配设计的方法。

现代室内软装饰品种繁多，包罗万象。室内空间除去基础的"硬装修"外，那些易更换、易变动位置的饰物与家具，如窗帘、沙发套、靠垫、工艺台布及装饰工艺品、装饰铁艺等都是室内软装饰元素。总体来说，室内软装饰元素可以分为室内家具、室内织物、室内灯饰、室内绿化装饰、室内陈设品等类别。

第一节　室内家具

一、室内家具的功能

家具是人们生活、工作和社会活动中必不可少的室内软装饰元素，其使用功能主要表现在满足人们坐、卧、支撑和储藏物品的需求，为人们生活、工作提供便利与舒适。家具在室内空间中还有组织空间、分割空间和丰富空间的作用，能体现室内空间艺术特色及风格，凸显业主的文化涵养及审美观（图3-1至图3-4）。

家具在室内空间中所占的比重较大，除了基本的使用功能之外，家具对室内整体风格也起着关键性作用。家具和建筑一样受到各种思想和流派的影响，不同时期的家具有着不同的风格。家具本身的造型、材质、色彩等对室内意境和情调的营造有着重要影响，一些极具装饰性和艺术性的家具往往成为室内环境中视觉的焦点（图3-5至图3-8）。

二、室内家具的类别

1. 按照使用功能划分

室内家具按照使用功能划分，可分为卧室家具、会客室家具、书房家具、餐厅家具和办公家具。

（1）卧室家具。卧室家具主要包括床、床头柜、床尾柜、床尾凳、衣柜、梳妆台等（图3-9和图3-10）。

图 3-1

图 3-2

图 3-3

图 3-4

图 3-5

图 3-6

图 3-7

图 3-8

图 3-9

图 3-10

（2）会客室家具。会客室家具主要包括沙发、茶几、电视柜、陈设柜等（图3-11和图3-12）。

（3）书房家具。书房家具主要包括书桌、书架、书椅等（图3-13和图3-14）。

（4）餐厅家具。餐厅家具主要包括餐桌、餐椅、酒柜、边柜等（图3-15和图3-16）。

（5）办公家具。办公家具主要包括办公桌、会议桌、会议椅、接待台、接待沙发等（图3-17和图3-18）。

2. 按照材料划分

室内家具按照材料划分，可分为实木家具、板材家具、金属家具、塑料家具、竹藤家具和玻璃家具。

（1）实木家具。实木家具是指用纯天然实木材料制造，不含其他人工板材的家具，如红木家具、橡木家具、榆木家具、柚木家具、樟木家具、松木家具等（图3-19和图3-20）。

图3-11

图3-12

图3-13

图3-14

图3-15

图3-16

图 3-17

图 3-18

图 3-19

图 3-20

（2）板材家具。板材家具是指用各种木质复合材料制成的家具，如用胶合板、纤维板、刨花板和细木工板等制作的家具（图 3-21 和图 3-22）。

（3）金属家具。金属家具是指以金属板材、管材、线材为主要材料制作的家具（图 3-23 和图 3-24）。

（4）塑料家具。塑料家具是指整体或主要部件用塑料或发泡塑料加工而成的家具（图 3-25 和图 3-26）。

（5）竹藤家具。竹藤家具是指以竹条或藤条编制构成的家具（图 3-27 和图 3-28）。

（6）玻璃家具。玻璃家具是指以玻璃为主要材质的家具（图 3-29 和图 3-30）。

3. 按照形体划分

室内家具按照形体划分，可分为单体家具和组合家具。

（1）单体家具。单体家具是指单体独立的家具（图 3-31）。

（2）组合家具。组合家具是指由几个单体组合而成的家具（图 3-32）。

图 3-21

图 3-22

图 3-23

图 3-24

图 3-25

图 3-26

图 3-27

图 3-28

图 3-29

图 3-30

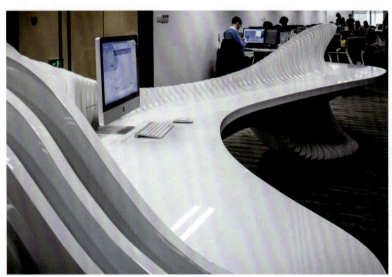

图 3-31

图 3-32

4. 按照结构划分

室内家具按照结构划分，可分为框架家具、板式家具、折叠家具、拆装组合式家具和充气家具。

（1）框架家具。框架家具是指通过榫接合构成主要承重框架结构，再在框架结构上用板件围合装配而成的家具（图 3-33）。

（2）板式家具。板式家具是指以人造板为主要基材，再用连接件将板式部件装配而成的家具，分为可拆分和不可拆分两种（图 3-34）。

（3）折叠家具。折叠家具是指能够折叠，便于存放和运输的家具（图 3-35）。

（4）拆装组合式家具。拆装组合式家具是指家具在生产过程中采取零部件标准化、流水线生产，各部件可以多次拆解安装，便于运输，减少库存空间，提高生产效率和管理效率（图 3-36）。

（5）充气家具。充气家具是指使用塑料膜类材料制成的袋装家具，充气成型，外观新颖，富有弹性（图 3-37）。

三、室内家具的选择与布局

在室内空间中，家具的选择与布局要根据空间的实际功能、风格和改善空间关系等方面的需求进行搭配。

1. 功能性需求

家具的类型及数量要在充分考虑室内空间的使用需求和使用人数的基础上进行合理搭配。首先要满足使用需求，这是人们对家具最原始、最直接的诉求；同时要考虑空间尺寸与家具尺寸的比例关系，过大、过小都会造成视觉空间的不舒适感（图 3-38 至图 3-40）。

图 3-33

图 3-34

图 3-35

图 3-36

图 3-37

图 3-38

图 3-39

图 3-40

2. 室内整体风格需求

家具在室内空间中还具有彰显人文价值与精神价值的功能。在选择家具时，除了实用性之外人们还要考虑其在室内对整体风格的烘托。合理的具有美学特征的家具可以成为室内视觉的中心，能提高室内空间的艺术氛围。如现代风格的空间，选择色彩明快、形态多变的家具可以塑造出轻快、活泼的现代气息；严谨、沉稳的中式风格室内空间配以形态端庄、色彩沉着的明清家具，则会营造出古朴、素雅的中国传统文化氛围（图 3-41 至图 3-44）。

3. 空间关系改善需求

家具本身是实体的，所以可以用来分割空间，屏风、多宝阁、书架及各种柜类常常作为分割空间的元素。家具还可以用来改善原来空间过大、过小、过低的视觉缺陷，如空间过大时可以选择体型较大的家具来避免空洞感；空间过低时就不要选择高大的家具，否则会进一步增加空间的压迫感（图 3-45 至图 3-48）。

图 3-41

图 3-42

图 3-43

图 3-44

图 3-45

图 3-46

图 3-47

图 3-48

第二节 室内织物

一、室内织物的功能

室内空间中的织物在室内界面和家具装饰中占有很大的比重，它以丰富的色泽、多变的图案、柔软的质地成为增强室内空间美感和渲染氛围的重要视觉元素。在现代室内空间中，织物搭配设计的成败对室内装饰的整体影响甚为重要（图 3-49 至图 3-52）。

1. 实用性价值

室内使用的织物绝大部分都具有较强的实用价值，都是和人们的生活密切相关、必不可少的日用品。室内织物的实用功能是多方面的，如遮光、提供舒适度、保持私密性、分割空间、引导空间、柔化空间、保温等（图 3-53 至图 3-55）。

图 3-49

图 3-50

图 3-51

图 3-52

图 3-53

图 3-54

图 3-55

2. 文化价值

室内织物由于其本身的色彩、材质、图案、纹理、形体等因素，又具有一定程度的观赏性和装饰性，可以提升室内空间的人文价值。我国自古就用织物装饰室内空间，如古代官邸、宫廷常用各种幔帐来分割空间和渲染气氛，又如我国结婚嫁娶时常大量运用红色织物渲染出喜庆欢乐的气氛（图 3-56 至图 3-59）。

图 3-56

图 3-57

图 3-58

图 3-59

二、室内织物的分类

室内织物可分为两类：一类是满足使用功能的实用性织物，另一类是用于美化室内环境的装饰性织物。

1. 实用性织物

实用性织物包括床上用品、家具织物、地面铺设类和帷帘类（图 3-60 至图 3-65）。

床上用品：主要包括床罩、被罩、枕套、床单、靠枕等。

家具织物：主要包括沙发套、靠枕、桌布、椅垫、椅套等。

地面铺设类：主要包括地毯、脚垫等。

帷帘类：主要包括帷幔、窗帘等。

2. 装饰性织物

装饰性织物包括艺术挂饰和工艺摆件（图 3-66 至图 3-68）。

艺术挂饰：主要包括挂毯、织画、装饰挂件等。

工艺摆件：主要包括布艺玩偶、器具等。

图 3-60

图 3-61

图 3-62

图 3-63

图 3-64

图 3-65

图 3-66

图 3-67

图 3-68

三、室内织物的搭配原则

1. 软装饰织物与空间功能的协调

室内软装饰织物在搭配时，首先要与室内空间功能取得协调，如在一些庄重的纪念性、公共性的室内空间中，其装饰织物风格也必定趋于稳重、沉稳；而在宾馆、住宅等室内空间中，装饰织物的搭配则倾向于清新、恬静、温馨的风格。此外，室内环境的尺度也是装饰织物设计与运用中需要考虑的重要因素之一，如宾馆接待大厅等尺度较大的室内环境，应该选择图案纹理、花型较大的面料；而一些相对较小的家庭室内环境，宜选用高明度色系、小花型的装饰织物（图 3-69 至图 3-72）。

2. 软装饰织物与室内装修风格的协调

在选择和使用软装饰织物时，应该注意其风格和表现出的氛围与室内整体装修风格保持一致。由于现代室内空间中织物运用得比较广泛，且应用面积较大，尤其是在酒店、宾馆、餐厅、会所等公共空间中体现得更为明显，因此织物选择与搭配对室内风格起到关键作用。如具有中国传统情调的室内空间，可以选择传统丝绸织物、蓝印花布，或以蜡染、扎染、手工编织等工艺制成的具有中国特色的装饰织物来体现中式情调（图 3-73 至图 3-76）。

图 3-69

图 3-70

图 3-71　　　　　　　　　　　　图 3-72

图 3-73　　　　　　　　　　　　图 3-74

图 3-75　　　　　　　　　　　　图 3-76

3. 软装饰织物与室内环境色彩的协调

在软装饰织物中，面料、款式、色彩是三要素。软装饰织物的色彩对室内色彩气氛起着决定性作用。从酒店的各类客房到一般的居室，有相当一部分的界面或家具表面覆盖着软装饰织物，织物颜色与家具色、灯光色构成了室内环境的色彩主调。织物的色调很丰富，在搭配时要根据不同的空间来选择。如教学空间、会议空间、办公空间等，应该使用沉稳、纯度较低的织物；娱乐空间则可以选用色彩鲜艳明亮和对比较强的软装饰织物；卧室是睡眠空间，需要亲和力较强的暖色调织物等（图3-77至图3-80）。

图 3-77

图 3-78

图 3-79

图 3-80

第三节　室内灯饰

在现代室内空间中，各种光源贯穿其中，发挥着不同的作用，营造出不同的气氛与意境。一百多年前爱迪生发明了电灯，从某种意义上说这是人类利用灯光装饰室内空间的开始。随着照明技术的飞速发展，各种各样的光源被开发出来，人们利用灯饰的手段也在不断变化，从而影响着室内空间的光影艺术，改变着人类的生活。

一、室内灯饰的意义

1. 照明需求

灯光最原始、最基本的作用就是照明，为使用者照亮可视范围，提供肉眼识别所必需的照度及亮度。有了光，人们才能通过眼睛识别物体的形状、明度、色彩等特质，感受到空间的气氛（图 3-81 至图 3-84）。

2. 划分区域

灯光的照射范围可以划分室内空间，在心理上形成独立的虚拟空间。这种手法比用实体来分割空间更加灵活多变，可以通过灯光的明暗、颜色和光束的变化形成形态各异的小空间（图 3-85 至图 3-88）。

3. 强调重点

在室内装饰设计中，人们常用灯光来强调装饰的重点，布置几盏小射灯，可以使所要强调的物体成为视觉中心。这种强调重点的手段简捷有效，可以通过灯光的开关和照射方向的调节，根据不同的需要随时变换重点，具有较强的灵活性（图 3-89 至图 3-92）。

图 3-81

图 3-82

图 3-83

图 3-84

图 3-85

图 3-86

图 3-87

图 3-88

图 3-89

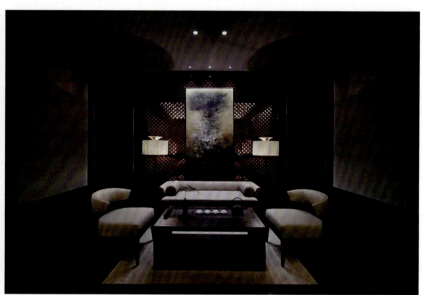
图 3-90

图 3-91

图 3-92

4. 渲染空间气氛

灯具的造型和灯光的色彩对空间气氛的渲染具有显著的作用。不同类型的灯具，不同的照明方式，不同色温的灯光营造的空间气氛也是不同的。例如，暖色调的灯光易于营造愉悦、温暖、华丽的室内气氛，冷色调的灯光易于表现宁静、高雅、清爽的格调（图3-93至图3-96）。

二、室内灯饰的照明方式

1. 直接照明

光线通过灯具射出，其中90%～100%的光通量到达假定的工作面上，这种照明方式称为直接照明。直接照明具有强烈的明暗对比，能产生有趣生动的光影效果，可突出工作面在整个环境中的主导地位。但是由于这种方式照明亮度较高，人们应防止眩光的产生（图3-97至图3-100）。

2. 半直接照明

半直接照明是利用半透明材料制成的灯罩罩住光源上部，使60%～90%的光线集中射向工作面，10%～40%的被罩光线又经半透明灯罩扩散而向上漫射，其光线比较柔和。这种照明方式常用于较低房间的一般照明，由于漫射光线能照亮平顶，视觉上会使房间顶部高度增加，从而产生较高的空间感（图3-101至图3-104）。

图3-93　　　　　　　　　　　　　　　图3-94

图3-95　　　　　　　　　　　　　　　图3-96

图3-97　　　　　　　　　　　　　　　图3-98

图 3-99

图 3-100

图 3-101

图 3-102

图 3-103

图 3-104

3. 间接照明

间接照明是将光源遮蔽而产生间接光的照明方式，其中90%～100%的光通量通过顶棚或墙面反射于工作面，10%以下的光线直接照射工作面。这种照明方式通常有两种处理方法：一种是将不透明的灯罩装在灯泡的下部，使光线射向平顶或其他物体而反射成间接光线；另一种是把灯泡设在灯槽内，光线从平顶反射到室内成间接光线。这种照明方式单独使用时，需注意不透明灯罩下部的浓重阴影，通常需和其他照明方式配合使用，才能取得特殊的艺术效果。商场、服饰店、会议室等场所常使用这种照明方式，一般作为环境照明或提高背景亮度使用（图3-105至图3-108）。

4. 半间接照明

半间接照明恰恰和半直接照明相反，它是把半透明的灯罩装在光源下部，使60%以上的光线射向平顶，形成间接光源，10%～40%的光线经灯罩向下扩散。这种方式能产生比较特殊的照明效果，能使较低矮的房间产生增高的感觉，适用于小空间，如门厅、过道、服饰店等（图3-109至图3-111）。

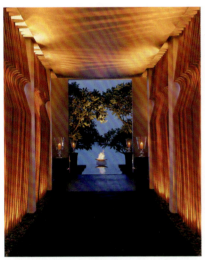
图 3-105

图 3-106

图 3-107

图 3-108

图 3-109

图 3-110

图 3-111

5. 漫射照明

漫射照明是利用灯具的折射功能来控制眩光，将光线向四周扩散。这种照明方式大体上有两种形式：一种是光线从灯罩上口射出经平顶反射，两侧从半透明灯罩扩散，下部从格栅扩散；另一种是用半透明灯罩把光线全部封闭而产生漫射。这种照明方式光线柔和，视觉舒适，常用于餐饮空间、卧室等（图 3-112 至图 3-115）。

图 3-112

图 3-113

图 3-114

图 3-115

三、室内灯饰的类别

室内灯饰按照安装方式划分，可以分为吊灯、吸顶灯、嵌顶灯、壁灯、落地灯、台灯、轨道射灯等；按照光源划分，可以分为白炽灯、卤钨灯、气体放电灯（荧光灯、金卤灯、高压钠灯）、LED灯等；按照灯饰的风格可以分为欧式、中式、自然式和现代式。下面主要讲解几种以安装方式分类的灯饰。

1. 吊灯

吊灯的光源上部以吊杆或吊链将其悬挂在顶棚上，常用的有单火吊灯、多火吊灯、组合吊灯、晶体玻璃吊灯、晶体组合吊灯等。吊灯是客厅、公共场所大堂的主要照明形式之一，在实际运用时应根据空间的大小、高低、装饰风格来选择。其特点是彰显室内雍容华贵的气氛，增加室内空间的层次感（图3-116至图3-119）。

2. 吸顶灯

吸顶灯没有吊杆，是直接安装在顶棚上的灯具。它属于整体照明灯具，形状多样，适用于居室和公共场所，如会议室、起居室等。其特点是顶棚较亮，能使室内更加开阔，增加层高感，避免眩光（图3-120和图3-121）。

图 3-116

图 3-117

图 3-118

图 3-119

图 3-120

图 3-121

3. 嵌顶灯

嵌顶灯是指安装在吊顶内的隐藏或半隐藏式灯具。这种灯具的特点是安装后能够保持顶棚的完整性。嵌顶灯的照射角度有限，通常配合主体照明使用，也可以布满顶棚，形成满天星的形式，可用于家庭居室和公共场所（图3-122至图3-124）。

4. 壁灯

壁灯是墙面上的照明灯具，造型多种多样，光线柔和。壁灯可用于家庭居室和公共场所，通常和其他灯具配合使用（图3-125至图3-128）。

图 3-122

图 3-123

图 3-124

图 3-125

图 3-126

图 3-127

图 3-128

5. 落地灯

落地灯是放置在室内地板上的灯具。它是家庭居室、客厅、起居室、宾馆客房常用的局部照明灯具，也是室内空间的重要陈设之一，沙发旁、床边、陈设品旁等都可以摆放。落地灯的发光源与底座之间有很长的杆，使用时可以随意挪动，其落地灯长杆、灯罩造型有多种形式（图 3-129 至图 3-132）。

6. 台灯

台灯是指放置在桌面、床头柜等家具之上的灯具，起到局部照明的作用，也可以随意移动，使用范围非常广泛。台灯的造型各种各样，装饰性很强，用于造型的材料也很多，如陶瓷、铜、铁等。台灯的短杆可用人物、动物、植物、抽象图形等各种方式表现（图 3-133 至图 3-135）。

7. 轨道射灯

轨道射灯是指安装在轨道上、可以移动的用于局部照明的灯具。轨道射灯可以根据室内需要灵活调整照射位置和角度，对室内装饰品起到重点修饰的作用，如对墙面挂画、艺术品等的突出展示（图 3-136 至图 3-138）。

图 3-129　　　　　　　　　　　　图 3-130

图 3-131

图 3-132

图 3-133

图 3-134

图 3-135

图 3-136

图 3-137

图 3-138

四、室内灯饰的搭配原则

1. 满足照明的需求

室内空间包括多种类型,每个室内空间的用途不同,其对照明的要求也就不同。室内照明要满足视觉需求,最关键的是灯具的照度、色温和显色性。

(1)照度。照度是视觉光环境最基本的技术指标,是指单位面积上所接受可见光的光通量,其单位用勒克斯(lux或lx)来表示。在高照度下,物体、文字及图像容易看清,分辨能力高,人眼不觉得疲劳;反之,在低照度下,光照不足,字体看不清,分辨能力低,眼睛易疲劳、受损伤、患近视。在布置灯具时,我们必须以照度标准值为参照,正确地进行光照度的分布。例如,我国标准教室照度规定为300 lx(以75 cm高度桌面为基准),同时黑板的照度要达到500 lx。而酒店客房因为要营造温馨的氛围,其一般活动区的照度在30~50 lx(图3-139至图3-142)。

图 3-139

图 3-140

图 3-141

图 3-142

（2）色温。光线进入人的眼睛，人就会感觉到由光源发光呈现出来的颜色，不同的发光体有不同的光色。光源辐射的颜色与黑体热辐射光的颜色相同时，此黑体的温度称为光源的色温，单位用开尔文（K）表示，它是电光源发光颜色差异的表征值。CIE（国际照明委员会）将光的颜色分为三组，见表3-1。

表3-1　光的颜色分类

色表分组	色表	色温（K）
1	暖	3 300以下
2	中性	3 300～5 300
3	冷	5 300以上

常见的普通白炽灯色温大约为2 800 K，卤钨灯色温约为3 400 K，日光色荧光灯色温约为6 500 K，暖白色荧光灯色温约为4 500 K，低色温的光使人感到愉快、舒适，高色温的光会使人产生阴沉、昏暗、清冷的感觉。在办公空间等工作场所要求高照度、高色温的灯光环境，休息场所需求低照度、低色温环境。例如，在加工车间用冷光源可以让人感觉凉爽，心理上达到清净，缓解烦躁情绪，从而提高生产的安全性及合格率。不同气候、不同文化下，人们对光色的爱好也不同，热带、亚热带气候环境的人们大多喜欢高色温的白光或日光色，而寒带地区的人们大多喜欢低色温的暖光源（图3-143至图3-147）。

（3）显色性。光线照射到有色物体上，其颜色被复原的能力叫作显色性。光源复原颜色的本领用显色指数（Ra）来表示，通常将太阳光作为标准，Ra=100，各类其他光源的Ra值均小于100，Ra值越大，显色性越好。

对显色指数要求高的有纺织厂、彩色印刷厂、服饰商店以及工艺美术商店，历史文物、家居装饰、医院诊断等空间都要求有较高的显色指数，通常Ra值为80～95。显色性高有利于儿童视觉效能，会使其感到自然舒适，可以提高其分辨颜色的能力和学习效率。近年来，技术较先进的国家的教室照明采用的是电子镇流的Ra值为80～85的三基色直管荧光灯，可以明显改善视觉光色环境，又能节省照明电耗（图3-148至图3-151）。

图3-143

图3-144

图3-145

图3-146

图3-147

图 3-148　　　　　　　　　　　　　　　　图 3-149

图 3-150　　　　　　　　　　　　　　　　图 3-151

2. 风格协调

室内灯具搭配要与室内整体风格定位达成一致，例如，在欧式风格的室内空间中应选用欧式风格的灯饰，而在中式风格的室内空间中要搭配具有中式风格的灯饰。灯具风格和室内环境相互协调，才能使整体的氛围增强（图 3-152 至图 3-155）。

3. 主次分明，布置有序

通常一个室内空间的灯具包含多种类型，在搭配时首先要注意主次关系及排列的秩序，避免杂乱无序的局面，如在宾馆的大堂中，艺术吊灯是顶棚中的绝对主角，其他线光源、点光源都处在陪衬与辅助的位置，切不可喧宾夺主。其次还应注意灯具的大小、造型、排列的形式等因素对室内空间的影响，如在会议厅采用线式均匀排列可以获得整洁、沉稳的视觉效果，采用圆形向心式排列可以获得活泼、有凝聚力的心理感受（图 3-156 至图 3-159）。

图 3-152

图 3-153

图 3-154

图 3-155

图 3-156

图 3-157

图 3-158

图 3-159

第四节 室内绿化装饰

近年来,城市雾霾日益加重,城市化进程的加快带来的是城市绿化相应减少,人类与大自然的接触越来越少。在现代城市生活中,工作节奏的加快,压力的增大,使人们对健康、轻松、适意的工作与生活环境的向往越来越强烈。室内绿化符合现代人崇尚自然、渴望返璞归真的心理和生理需求。"用绿色感受生活"已成为现代都市人对室内环境的迫切要求。

一、室内绿化装饰的功能

1. 生态功能

绿色环保的设计理念在当今社会显得尤为重要，健康、绿色的设计已成为当代室内设计的主旋律。室内绿化的生态效应相当于自然调节器，配置绿色植物可以调节室内的湿度、温度，有制造氧气、吸收二氧化碳等功能，可以保持室内空气的清新，在改善小气候方面起到良好的作用。另外，室内绿化植物还可以吸收装修材料中含有的有害气体及放射性物质，减少室内噪声，分泌杀菌物质，有益于室内环境的良性循环（图3-160至图3-163）。

2. 心理调节功能

室内绿化设计不但能改善人的生理状况，而且能在人的心理上起到积极的作用。在当今日益增加的工作、生活的双重压力下，人们渴望回归自然；保持自然节奏是人的健康生活最主要的诉求之一。在室内空间中引入绿化，便可营造出身在大自然的空间意境，并可以让人体会到与自然互相协调、融为一体的感觉，从而产生愉悦感，直接感染人的心灵，缓解视觉疲劳。德国一项调查表明，人们从自然生态的环境中感受到的精神效应中有55%~85%是有益的。近年来因环境恶化、空气污染引发的心理及精神疾病呈逐年上升趋势，因此目前在室内空间中进行适当的绿化设计，使人的心理得到调节是十分必要的（图3-164和图3-165）。

图 3-160

图 3-161

图 3-162

图 3-163

图 3-164

图 3-165

3. 美化环境功能

室内绿化与其他室内装饰完美结合、相互陪衬所形成的空间视觉美感，极大地丰富和加强了室内环境的表现力。一定量的植物配置，使室内形成绿化空间，让人们置身于自然环境中，不论工作、学习、休息时都能心旷神怡，悠然自得。绿化对室内环境的美化作用主要有两个方面：一是植物本身的美感，包括它的形态、色彩和芳香等；二是植物与室内其他元素的恰当组合，有机配置，从色彩、形态、质感等方面产生和谐或对比效果，从而形成整体视觉上的环境美（图3-166至图3-171）。

图 3-166

图 3-167

图 3-168

图 3-169

图 3-170

图 3-171

4. 引导、分隔室内空间

现代建筑的室内空间越来越大，无论是酒店、餐厅、办公室、展览馆、博物馆还是家居小套房，空间分割媒介常常由陈设和绿化承担。室内绿化可用来形成或调整空间，在同一空间中布置不同的绿化陈设，可以形成不同的空间区域，既能满足各自的功能作用，又不失整体空间的开敞性和连贯性。如酒店大堂的接待区与休息区之间、室内地坪高差交界处等，都可用绿化进行分隔（图 3-172 至图 3-175）。

二、室内主要绿化植物的分类

依据观赏特性不同，室内绿化植物可划分为观叶类植物、观花类植物、观果类植物、插花类植物和其他类植物。

图 3-172

图 3-173

图 3-174

图 3-175

1. 观叶类植物

室内观叶类植物多为叶色、叶形具有较高观赏价值的植物，该类植物品种繁多，备受青睐，是室内绿化的主要元素，有蕨类植物、草本花卉和木本花卉。室内观叶类植物几乎能周年观赏，深受人们喜爱，在家庭、宾馆、大厦、办公室和餐厅等场所，都能见到它们的身影。室内观叶植物种类多，差异也很大，同时室内不同位置生长环境也存在较大差异，所以要注意摆放位置。

（1）极耐阴室内观叶植物。极耐阴室内观叶植物常见的有蜘蛛抱蛋、蕨类、白网纹草、虎皮兰、八角金盘、虎耳草等。在室内极弱的光线下也能供较长时间观赏，适宜放置在离窗台较远的区域，一般可在室内摆放2～3个月（图3-176至图3-180）。

（2）耐半阴室内观叶植物。耐半阴室内观叶植物如千年木、竹芋类、喜林芋、绿萝、凤梨类、巴西木、常春藤、发财树、橡皮树、苏铁、朱蕉、吊兰、文竹、花叶万年青、粗肋草、白鹤芋、豆瓣绿、龟背竹、合果芋等，适宜放置在北向窗台或离有直射光的窗户较远的区域，通常可在室内摆放1～2个月（图3-181至图3-184）。

（3）中性室内观叶植物。中性室内观叶植物要求室内光线明亮，每天有部分直射光线，是较喜光的种类，如彩叶草、花叶芋、蒲葵、龙舌兰、鱼尾葵、散尾葵、鹅掌柴、棕竹、长寿花、叶子花、一品红、天门冬、仙人掌类、鸭跖草类等，适宜放置在有阳光照射的区域，一般可在室内摆放3～4个月（图3-185至图3-188）。

图 3-176

图 3-177

图 3-178

图 3-179

图 3-180

图 3-181

图 3-182

图 3-183

图 3-184

图 3-185

图 3-186

图 3-187

图 3-188

（4）阳性室内观叶植物。阳性室内观叶植物要求室内光线充足，如变叶木、月季、菊花、短穗鱼尾葵、沙漠玫瑰、铁海棠、蒲包花、大丽花等，适合在室内短期摆放，摆放期在10天左右（图3-189和图3-190）。

2. 观花类植物

观花类植物的主要观赏对象是花色、花形、花相、花姿、花香、意境等，如杜鹃、米兰、蟹爪兰、水仙等；有些植物既可观花也可观叶，如红掌、凤梨、非洲紫罗兰、杜鹃等（图3-191至图3-194）。

3. 观果类植物

观果类植物是指其果色、果形、果香等有明显观赏价值的植物，置于室内有硕果累累的丰收感，具有吉祥的寓意，如朱砂根、金橘、佛手等。不同的植物种类有不同的枝叶、花果和姿色，如一簇簇硕果累累的金橘，能给室内带来喜气洋洋、欢乐的气氛（图3-195和图3-196）。

4. 插花类植物

所谓插花就是把多种花卉、枝叶配合起来，插在一起。只要具备观赏价值，能水养持久或本身较干燥、不需水养也能观赏较长时间的植物，都可以用于插花。此外，各种各样的蔬菜和水果也可以作为插花素材（图3-197至图3-200）。

图 3-189　　　　　　　图 3-190

图 3-191

图 3-192

图 3-193

图 3-194

图 3-195

图 3-196

图 3-197

图 3-198

图 3-199

图 3-200

5. 其他类植物

除以上所述，还有很多植物可用于室内绿化，例如：以根为观赏重点的观根类绿化，如榕树；以茎干为观赏重点的观茎干类绿化，如榔榆、三棱剑、富贵竹等（图 3-201 至图 3-204）。

三、室内绿化设计的手法

1. 陈列式绿化装饰

陈列式绿化装饰是最常用也最普通的装饰方式，主要有点式、线式和片式三种手法。其中以点式陈设最常见，即将盆栽植物直接摆放于桌面、茶几、柜面、窗台及墙角，或在室内悬挂，形成视觉中心。线式和片式是将一组盆栽植物摆放成一条线，或组织成自由式、规则式的片状图形，起到组织室内空间、区分室内不同功能场所的作用，或与家具结合，起到划分范围的作用（图 3-205 至图 3-208）。

2. 攀附式与悬挂式绿化装饰

攀附式绿化装饰是指大厅等室内空间需要分割区域时，可以采用攀附植物隔离，以使室内空间分割合理、协调、实用；悬挂式绿化装饰是指在较大的室内空间，结合顶棚、灯具，在窗前、墙角、家具旁吊置一定体量的阴生悬垂植物，可改善室内人工建筑生硬线条所造成的枯燥单调感，营造生动活泼的空间立体美感，且"占天不占地"，可充分利用空间（图 3-209 和图 3-210）。

图 3-201

图 3-202

图 3-203

图 3-204

图 3-205

图 3-206

图 3-207

图 3-208

图 3-209

图 3-210

3. 壁挂式绿化装饰

壁挂式绿化装饰是指在室内空间中利用墙壁的绿化，也深受人们的欢迎。壁挂式绿化装饰有挂壁悬垂法、挂壁摆设法、嵌壁法和开窗法四种。可预先在墙壁上设置局部凹凸不平的体块或壁洞，供放置盆栽植物；或在靠墙地面砌种植槽，然后种上攀附植物，使其沿墙面生长，形成立面式绿化装饰；或在墙壁上设立支架，在不占用地面空间的情况下放置花盆，以丰富室内空间（图 3-211 至图 3-214）。

4. 栽植式绿化装饰

栽植式绿化装饰多用于室内花园及室内大堂等开阔的场所。栽植的形式有几何式和自然式两种：几何式是指按照一定构图规律栽植，形成图案感；自然式是指在栽植时聚散相依、疏密有致，并使乔灌木、草本植物和地被植物组成层次。栽植式绿化装饰在考虑自身美感的同时，也要考虑与山石、水景组合成景，给人以回归大自然的感觉（图 3-215 至图 3-217）。

5. 迷你型绿化装饰

迷你型绿化装饰在欧美、日本等地极为盛行，其基本形态源自插花手法。迷你型植物配植在不同容器内，摆置或悬吊在室内适宜的场所。这种设计最主要的目的是要达到功能性的绿化与美化，也就是说，在布置时，要考虑室内植物如何与室内空间中的环境、家具、日常用品等相搭配，使装饰植物与其环境、生态等因素高度统一。其应用方式主要有迷你吊钵、迷你花房、迷你庭园等（图 3-218 至图 3-221）。

图 3-211

图 3-212

图 3-213　　图 3-214

图 3-215

图 3-216

图 3-217

图 3-218

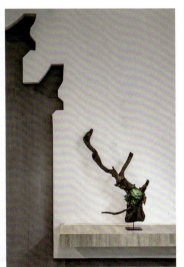

图 3-219

图 3-220

图 3-221

第五节　室内陈设品

广义上的室内陈设品包含室内一切可以移动的、用来提供实用功能和提高精神文化氛围的物品，这里主要讲述除了家具、纺织品、灯具、绿化以外的陈设品。总体上可以分为功能性陈设品和装饰性陈设品两大类。

一、室内陈设品的意义

室内陈设品是室内空间的重要组成元素，对室内空间视觉美化起到点睛作用，对室内风格的呈现也至关重要。

1. 加强空间的风格特征

室内空间具有多种不同的风格，室内陈设品的选择和布置同样要注意其种类、造型、色彩、质感等因素与室内风格相吻合，合理布置才会对室内空间风格的形成具有积极的影响，起到强化室内风格的作用（图 3-222 至图 3-225）。

图 3-222

图 3-223

图 3-224

图 3-225

2. 强化室内空间的文化内涵

陈设品通常都具有明显的文化和风格特征，在室内空间中极易吸引人们的目光。如文房四宝、字画、陶瓷等的搭配，会使室内呈现出一种古朴、典雅的文化气氛。陈设品在室内空间中影响着人们的视觉、触觉和心理感知，在强化室内空间的文化内涵方面起到深层次的作用（图3-226至图3-229）。

二、室内陈设品的类别

1. 功能性陈设品

功能性陈设品是指具有实用功能的陈设品，如生活器皿，包括餐具、茶具、酒具、花瓶及各种盛物篮等。餐具是餐厅的重要陈设品，且中式餐具和西式餐具的类型不同，刀、叉、汤匙、盘、碟、红酒杯、餐巾、烛台的搭配可以营造出西餐厅的氛围。一套制作精美的餐具搭配可以使就餐者保持愉快的心情，一套造型考究的茶具搭配自然彰显主人的闲情逸致与文化品位（图3-230至图3-233）。

2. 装饰性陈设品

装饰性陈设品是指在室内没有具体的实用性，只是作为观赏的物品，包括绘画、书法、雕塑、雕刻、摄影作品、陶瓷工艺品、漆器、染织品、剪纸等。装饰性陈设品的配置可以彰显室内空间的艺术氛围，起到画龙点睛的作用（图3-234至图3-237）。

图 3-226

图 3-227

图 3-228

图 3-229

图 3-230

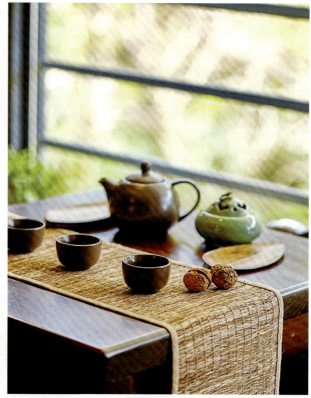

图 3-231

图 3-232

图 3-233

图 3-234

图 3-235

图 3-236

图 3-237

三、室内陈设品的搭配

1. 风格搭配

室内陈设品的风格主要根据室内空间各种风格特定的要求而选择。如西方古典风格要配置具有欧式风格的陈设品,通常选择巴洛克或洛可可风格的家具、灯具、寝具等进行室内装饰,以表现出尊贵、富丽的空间效果(图 3-238 至图 3-243)。

2. 形态搭配

形态搭配是利用不同形态的对比或是相同形态的统一形成的搭配原则。在选择小件的陈设品时,可根据空间其他陈设的形态,营造相互衬托的具有视觉美感的效果。如方形陈设柜上可以选配流线型瓷器,制造视觉反差(图 3-244 至图 3-247)。

3. 色彩搭配

在室内陈设品的色彩搭配方面要整体考虑,确定主次关系。需要突出陈设品就要采取对比的手法,如色彩对比、明暗对比等,也可以在实际陈设时灵活选择。当室内陈设品有多个时,要控制好整体色彩的和谐,切不可每个陈设品的颜色都夺人眼球,"点睛"过多势必引起视觉上的凌乱(图 3-248 至图 3-252)。

图 3-238

图 3-239

图 3-240

图 3-241

图 3-242

图 3-243

图 3-244

图 3-245

图 3-246　　　　　　　　　　　　　　图 3-247

图 3-248　　　　　　　　　　　　　　图 3-249

图 3-250　　　　　图 3-251　　　　　图 3-252

本 章 小 结

本章主要介绍了室内软装饰的主要构成元素,即室内家具、室内织物、室内灯饰、室内绿化装饰、室内陈设品。

思 考 与 实 训

请举例说明各种室内软装饰构成元素,并利用其进行室内软装饰搭配。

穿越时空的
色彩魔法

回归自然泥土的
芬芳

买手店变身时尚
餐厅

都市绿色生活
左手科技,
右手自然

CHAPTER FOUR

第四章
室内软装饰的设计原则与美学手法

■ **本章知识点**

了解室内软装饰的设计原则,掌握室内软装饰的美学手法。

■ **学习目标**

了解并掌握室内软装饰的美学手法。

在现代室内空间中，软装饰设计越来越受到重视，软装饰的种类也越来越多。在搭配各种软装饰元素时，我们切忌漫无目的地胡乱堆砌，要从实际出发，充分考虑人的生理与心理诉求，按照一定的美学原则来营造整体的室内空间氛围。

第一节 室内软装饰的设计原则

一、功能性与精神性需求原则

现代都市人的生活繁杂而忙碌，闲暇之余的人们向往一种简单的生活方式，因此现代室内空间的装饰风格整体趋向以简洁为主，如餐饮空间、办公空间、酒店空间、娱乐空间等，在满足必要需求的基础上点到为止。空间需求是多方面的，有的是功能需求，有的是视觉需求，还有的是精神需求。根据空间实际需求搭配软装饰品，本着"少就是多"的装饰原则，创造出实用、美观、简洁的室内空间，以适合现代人的生活、工作节奏（图4-1至图4-5）。

二、舒适性与美观性原则

室内软装饰设计强调功能性、注重美观性等，其目的就是为了创造室内整体环境的舒适性。舒适性与美观性两者相辅相成，体现出"以人为本"这一室内设计的真谛。舒适性主要是在选择软装饰时考虑其因人体工学、触感等因素给人带来的感觉；美观性主要是运用美学手法营造视觉美的效果。舒适性与美观性并不矛盾，在实行软装饰搭配时应该两者兼得，只追求舒适而忽视美观或者只考虑效果而忽视舒适的做法都是不可取的。例如，在居住空间软装饰搭配中采用大面积的对比色，其构图也符合美学原理，就瞬间效果而言可能有视觉美的冲击力，但如果长期置身其中则会使人视觉不适、心烦气躁，这种手法无疑是不合适的，也是不可取的；如果将其用在一些人们短暂停留或不长时间使用的空间中则不会产生以上问题（图4-6至图4-11）。

图4-1

图4-2

图4-3

图4-4

图4-5

图 4-6　　　　　　　　　　　　　　图 4-7

图 4-8　　　　　　　　　　　　　　图 4-9

图 4-10　　　　　　　　　　　　　图 4-11

三、绿色与可持续发展原则

1. 注重简洁，避免奢靡

在选择室内软装饰的时候，要把握适度原则，避免设计上的过度浮夸、奢靡。过多的软装饰不仅会造成资源的浪费，还会使空间显得局促，从而引起人们的不安、烦躁情绪，不利于人们的生活、学习和工作（图4-12至图4-15）。

2. 注重选用环保材料

在软装饰的选择过程中，应注意尽可能减少原材料、自然资源的消耗并减轻室内污染。优先选用环保材料制作的软装饰，选用无毒的材料，减少室内污染物的含量，营造一个健康、舒适的室内环境（图4-16至图4-19）。

3. 耐久性与旧物新用

室内软装饰品宜选择耐用且不容易被淘汰的产品，这样就省去了原材料的再次消耗和资源的浪费。如果需要购买新的软装饰品，首先要考虑一下现有的物品经过简单的加工，如清洗、重新刷漆、抛光或重新罩面之后能否继续使用。这样既可以节约资源，也能达到预想的效果（图4-20至图4-23）。

图4-12

图4-13

图4-14

图4-15

图 4-16

图 4-17

图 4-18

图 4-19

图 4-20

图 4-21

图 4-22

图 4-23

第二节　室内软装饰的美学手法

在现实生活中，人们因为生存环境、教育背景、社会地位、价值观念、风俗习惯等因素的不同，对于审美有着不同的见解。然而单从外在形式上来讲，对于某一事物，大多数人对其美或丑的认识形成了一个共识，这个共识就是形式美法则，它是人们漫长的生产、生活实践的经验总结。

一、和谐与对比

和谐是指室内软装饰各要素之间在造型、色彩和材质方面协调。室内装饰不仅要求局部的和谐，而且要求整个室内空间的和谐，建筑结构与家具之间、家具与摆设品之间、家具与家具之间应该组成一个和谐的整体，体现一种风格主调，避免搭配时的无序混搭。造型的和谐是指各要素造型的风格与形式要统一协调，如果在一个室内空间内，没有主观风格选择，出现西式、中式、现代、古典等多种造型风格元素，那就会产生杂乱的不和谐感（图 4-24 至图 4-26）。

对比是局部之间相互加强效果，是通过各元素之间的大小、多少、轻重、高低、厚薄、宽窄、明暗、凹凸等的对比，以及软硬、粗细、强弱、干湿、尖钝、方圆、曲直等质的对比来加强装饰效果，避免搭配时由于过度协调而形成的呆板感。室内装饰对比的用法要适度，应本着"大协调、小对比"的原则进行搭配。如用色上采用大面积的冷色，而在某个小局部采用鲜明的暖色，这种手法产生的对比，既能突出要强调的物体，又不会出现视觉上的不适（图 4-27 至图 4-30）。

图 4-24

图 4-25

图 4-26

图 4-27

图 4-28

图 4-29

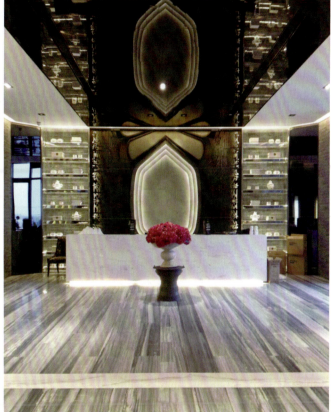

图 4-30

二、对称与均衡

对称是指以某一点为轴心，使得上下、左右保持均衡。对称与均衡在一定程度上反映了处世哲学之中的中庸之道，因而在我国古典建筑与室内空间中常会运用到。在现代居室装饰中，人们往往在基本对称的基础上进行变化，造成局部不对称或对比，这是一种"均中求变"的处理手法。另有一种方法是打破对称，或缩小对称在室内空间的应用范围，使之产生一种有变化的对称美，如长方形的餐桌两边放着颜色相同，造型却截然不同的椅子、凳子，这是一种变化中的对称，在色彩和形式上达成视觉均衡。对称性的处理能充分满足人的视觉稳定感，同时具有一定的图案美感，但要尽量避免让人产生平淡甚至呆板的感觉，实际操作时可在软装元素的造型、颜色、肌理选择上突破这种呆板（图 4-31 至图 4-34）。

图 4-31

图 4-32

图 4-33

图 4-34

三、主从与重点

在室内软装饰中，当主角和配角关系很明确时，视觉上就会出现空间层次。如果两者的关系模糊，人们便会产生目光游离，所以主从关系是软装饰布置中需要考虑的基本因素之一。在居室软装饰中，视觉中心是极其重要的，因为人的注意范围一定要有一个中心点；明确地表示出主从关系，这样才能形成主次分明的层次美感，这个视觉中心就是布置上的重点。在整个室内空间中，可以有多个主从关系，可以在整个空间视觉有一个大的主从关系的前提下，再分出几个子主从关系。例如，一个酒店大堂，把吊灯作为整个空间的视觉中心，但等候区的沙发也会有主从关系，前台区的陈设也会产生主从关系。主从关系对某一部分的强调，可打破全局的单调感，使整个空间变得有朝气。每个区域的软装饰品都要控制好主从关系，重点过多就会变成没有重点，配角的一切行为都是为了突出主角，切勿喧宾夺主（图 4-35 至图 4-40）。

四、过渡与呼应

室内空间的硬装修与软装饰在色调、风格上要彼此和谐，两者要产生联系，这就需要运用过渡的手法，避免出现视觉的大起大落，从而引起心理的巨大变化。呼应属于均衡的形式美，是各种艺术常用的手法。在室内设计中，过渡与呼应总是形影相伴的，如顶棚与地面、桌面与墙面的各种软装饰元素之间形体及色彩层次若过渡自然、巧妙呼应，往往能取得和谐的美感。例如，吊灯与落地灯之间遥相呼应，茶几上的鲜花随形就势给视觉一个过渡，使整个空间变得和谐而有生气。过渡与呼应可以增加居室的美感，但不宜太多或过分复杂，否则会给人造成杂乱无章及过于烦琐的感觉（图 4-41 至图 4-45）。

图 4-35

图 4-36

图 4-37

图 4-38

图 4-39

图 4-40

图 4-41

图 4-42

图 4-43

图 4-44

图 4-45

本章小结

BENZHANG XIAOJIE

本章主要介绍了室内软装饰的设计原则与美学手法。

思考与实训

SIKAO YU SHIXUN

请按照室内软装饰的设计原则与美学手法进行室内软装饰搭配。

让空间来一场断舍离

上海旧厂房找到荷兰的回忆

APPENDIX

附 录
作品欣赏

一、现代风格作品欣赏

二、新西方古典风格作品欣赏

三、新中式风格作品欣赏

作品欣赏　附录

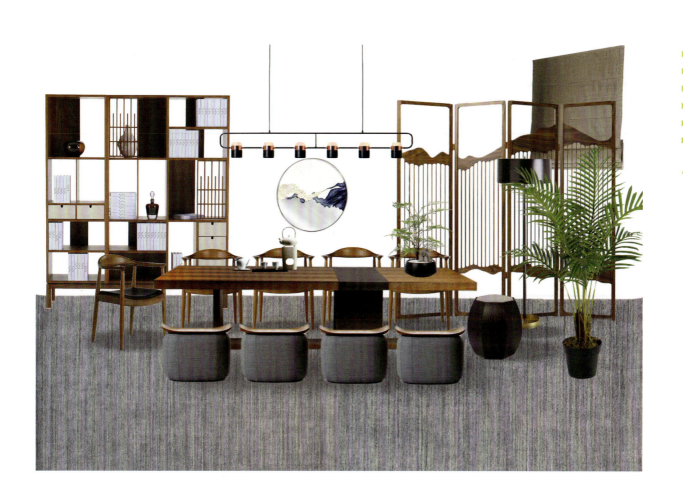

附录　作品欣赏

参考文献

[1] 潘吾华. 室内陈设艺术设计[M]. 北京：中国建筑工业出版社，2006.
[2] 齐伟民. 室内设计发展史[M]. 合肥：安徽科学技术出版社，2004.
[3] 朱钟炎. 室内环境设计原理[M]. 上海：同济大学出版社，2003.
[4] 文健，周可亮. 室内软装饰设计教程[M]. 北京：清华大学出版社，北京交通大学出版社，2011.
[5] 田勇，胡可丹. 盛丽素妆现艺术：装饰陈设[M]. 北京：中国建筑工业出版社，2007.
[6] 张绮曼，郑曙旸. 室内设计资料集[M]. 北京：中国建筑工业出版社，1991.
[7] 刘芳. 室内陈设设计与实训[M]. 长沙：中南大学出版社，2009.
[8] 夏琳璐. 室内软装饰设计与应用[M]. 北京：经济科学出版社，2012.
[9] 龚建培. 装饰织物与室内环境设计[M]. 南京：东南大学出版社，2006.
[10] 李飒，戴菲，纪刚，等. 陈设设计[M]. 北京：中国青年出版社，2011.
[11] 薛野. 室内软装饰设计[M]. 2版. 北京：机械工业出版社，2016.
[12] 范业闻. 现代室内软装饰设计[M]. 上海：同济大学出版社，2011.
[13] 陈志华. 外国建筑史：19世纪末叶以前[M]. 4版. 北京：中国建筑工业出版社，2010.
[14] 潘谷西. 中国建筑史[M]. 7版. 北京：中国建筑工业出版社，2015.
[15] 简名敏. 软装设计师手册[M]. 南京：江苏人民出版社，2011.
[16] 黄艳. 室内绿化设计[M]. 3版. 北京：中国建筑工业出版社，2012.
[17] 杜丙旭. 室内灯光设计[M]. 李婵，译. 沈阳：辽宁科学技术出版社，2011.
[18] 邱晓葵. 室内设计[M]. 2版. 北京：高等教育出版社，2010.
[19] 孙宝宏. 建筑美学与室内软装[M]. 南京：江苏科学技术出版社，2014.